Der grüne Daumen

Der grüne Daumen

von Julia Kospach

Mit Illustrationen von Claire Paq

Verlag Perlen-Reihe

Seit 2011 wird die Perlen-Reihe umweltfreundlich aus FSC-zertifiziertem Papier hergestellt, mit Pflanzenölfarben gedruckt und klimaneutral produziert. FSC®, Lizenz-Nr. C012536 – Klimaneutral drucken, 1.180 kg Kompensation CO_2

MIX
Papier aus verantwortungsvollen Quellen
FSC® C012536
FSC
www.fsc.org

ClimatePartner°
klimaneutral
Druck | ID: 10944-1502-1004

Impressum

Band 138
1. Auflage, Wien 2015

Umschlagkonzept: David Wagner
Umschlagillustration: Jan Philipp Schwarz, www.schwarzmalerei.com
Illustrationen: Claire Paq, www.clairepaq.com
Fotos: Siehe Fotonachweis S. 144
Lektorat, Produktionsleitung: Mag. Stefanie Jaksch, Mag. Bianca Maria Braunshofer (Mitarbeit)
Satz: Danica Schlosser, www.danicagrafik.de
Druck und Bindung: Druckerei Theiss, St. Stefan im Lavanttal
ISBN: 978-3-99006-039-1

Inhaltsverzeichnis

Pflegen

Probleme

Kleiner Nutzgarten auf Balkon & Fensterbank

Kleiner Saisonplaner

Wie überall im Leben gilt auch im Garten: Gutes Timing ist die halbe Miete! Obwohl Pflanzen Individualisten sind, gibt es eine Reihe gärtnerischer Handgriffe, Vorgänge und Rituale, die sich Jahr für Jahr wiederholen. Wenn Sie den kleinen Saisonplaner beherzigen, ersparen Sie sich später Aufräum- oder Schadensbegrenzungsarbeiten. Außerdem können Sie sich länger über blühende Pflanzen freuen.

Was tu ich wann?

Im Frühjahr

Im zeitigen Frühjahr, von Ende Februar bis Ende März, beginnt die große Zeit des Vorziehens auf der Fensterbank: Besäen Sie Anzuchtschalen mit Samen von Gemüse und/oder Sommerblumen.

Die Topfpflanzen, die draußen überwintert haben, bekommen jetzt gleich zwei Anwendungen: Düngen Sie sie jetzt zum ersten Mal wieder und schneiden Sie sie zurück (z.B. Gräser, Stauden).

Im April, bevor die Wachstumsphase voll einsetzt, topfen Sie Ihre Topfpflanzen (auch die Zimmerpflanzen) um. Denen, die drinnen überwintert haben und die jetzt schon ziemlich nach Frischluft und mehr Licht lechzen, verpassen Sie einen kräftigen Frühjahrsrückschnitt. Das gilt zum Beispiel für Pelargonien (Geranien) oder Fuchsien.

Blütenpflanzen, die den Sommer über auf Balkon, Terrasse oder Fensterbrett blühen sollen, stellen Sie sicherheitshalber nicht vor den Eisheiligen – sprich Mitte Mai – nach Draußen. Nichts ist bitterer, als eine ganze Sommerblütenbepflanzung von einem einzigen späten Frost vernichtet zu sehen. Im Zweifelsfall decken Sie die frisch bepflanzten Tröge, Töpfe oder Fensterkästen für die Nacht mit Schutzvlies ab. Dasselbe gilt für kleine Gemüsepflanzen in Töpfen. Auch Ihre Zimmerpflanzen sollten ihren Outdoor-Sommerurlaub erst nach den Eisheiligen antreten.

Der Mai ist ein guter Zeitpunkt, um Ihren Rosen einen kräftigen Rückschnitt zu verpassen. Ebenfalls zurückgeschnitten werden sollten frühjahrsblühende Sträucher wie die Forsythie – aber erst nach der Blüte!

Die zweite Aprilhälfte und der Mai sind auch die große Zeit des Draußen-Säens. Solange es noch kühl ist, ist es ratsam, wenn Sie die frisch aufgegangene Saat nachts abdecken. Säen Sie jetzt alle einjährigen Sommerblüher (z.B. Kapuzinerkresse, Trichterwinde, Sonnenblume, Fleißiges Lieschen etc.) und setzen Sie die Knollen von Dahlien, Begonien oder Gladiolen.

Wenn Ihre Frühlingszwiebelpflanzen – Tulpen, Narzissen, Krokusse, Hyazinthen – verblüht sind und auch das Blattlaub abgetrocknet ist, nehmen Sie die Zwiebeln aus den Töpfen heraus und lagern sie bis zum Herbst kühl und trocken. Die Töpfe können Sie gleich weiter einplanen: für die Sommerblüher.

Im Sommer

Jetzt ist konstantes Gießen besonders wichtig: Gießen Sie am besten morgens.

Knipsen Sie verwelkte Blüten Ihrer Sommerblumen regelmäßig ab – das verlängert die Blütezeit und fördert eine zweite Blüte. Besonders gut tut das Abschneiden verwelkter Blüten auch den meisten Rosensorten.

Stützen Sie spätestens im Frühsommer Ihre Stauden mit Stützstäben oder Rankhilfen, ebenso Tomaten, Gurken oder einjährige Kletterpflanzen wie Trichterwinde oder Feuerbohne.

Es sind nur ein paar Handgriffe, aber Ihren Pflanzen ist geholfen: Entfernen Sie hin und wieder das Unkraut aus den Töpfen und düngen Sie regelmäßig.

Achten Sie jetzt, da es heiß ist, besonders auf das Auftreten von Schädlingen und Krankheiten!

Planen Sie rechtzeitig für Ihren Urlaub vor: Haben Sie einen Pflanzen-Babysitter oder denken Sie über automatische Gießsysteme für Balkon, Terrasse und Balkonkasten nach?

August ist die Zeit der Ernte. Das Schöne ist: Jetzt haben Sie Gemüse zum Kochen und Schnittblumen für die Vase frei Haus!

Im Herbst

Ende September setzen Sie die ersten Blumenzwiebeln fürs nächste Jahr, nämlich Narzissen. Im Oktober und November folgen Tulpen und andere Zwiebelpflanzen. Im Gegenzug nehmen Sie die Knollen von Dahlien, Gladiolen oder Knollenbegonien nach der Blüte aus ihren Töpfen heraus. Lagern Sie sie über den Winter dunkel und trocken.
Mehrjährige Topfpflanzen düngen und gießen Sie jetzt weniger als im Sommer.
Im Herbst ist auch die Zeit, wurzelnackte Pflanzen wie Rosen und andere Sträucher zu setzen.
Mitte Oktober ist ein guter Zeitpunkt, um Ihre Balkonkästen für den Winter ein wenig hübsch zu machen: Bepflanzen Sie sie zum Beispiel mit Gräsern, Chrysanthemen, Erika oder kleinen, winterharten Gehölzen.

Vor dem ersten Frost müssen Sie unbedingt Ihre empfindlichen Topfpflanzen hinein in das Winterquartier holen. Generell gilt: Geben Sie Ihnen wenn möglich helle, kühle Überwinterungsstandorte. Was an Töpfen draußen bleibt, muss frosthart sein – und zwar Topf und Pflanze. Im Zweifelsfall packen Sie die Töpfe gut für den Winter ein. Auch Ihre Zimmerpflanzen wandern natürlich wieder hinein, bevor die ersten Nachtfröste sie dahinraffen können.

Im Winter

Der Winter ist die Zeit gärtnerischer Systemerhaltungsarbeiten: Nutzen Sie die Zeit, um Ihre Gartengeräte einmal wirklich ordentlich zu reinigen, die Klingen zu schärfen und alte Tontöpfe für die nächste Frühjahrsbepflanzung auszuschrubben.

Wenn's schneit: So schön eine dicke Schneedecke auf Balkon- und Terrassensträuchern auch aussieht – schütteln Sie sie so rasch wie möglich herunter oder kehren Sie sie mit einem Besen ab, weil die Äste unter dem Gewicht des Schnees leicht brechen können.

Endlich haben Sie Zeit zum Durchblättern von Pflanzen-Katalogen und zum Bestellen von Samenpäckchen und Pflanzen für Frühjahr und Sommer!

Was an Sträuchern oder Kletterpflanzen im Sommer blüht (z.B. viele Clematissorten, Sommerflieder), gehört in den letzten Winterwochen – sprich Ende Februar, Anfang März – an frostfreien Tagen zurückgeschnitten.

Ab Ende Februar können Sie schon die ersten Minigewächshäuser für selbst gezogene Sommerblumen und Gemüse anlegen.

Behalten Sie Ihre Zimmerpflanzen im Auge: Viele von ihnen – vor allem die Exoten – wachsen und blühen jetzt. Düngen Sie sie in dieser Zeit regelmäßig. Damit lassen Sie auch Schädlingen oder Krankheiten weniger Chancen. Denken Sie an die Vögel: Streuen Sie Ihnen Futter aus!

Los geht's!

Hier erfahren Sie, welche Gartengeräte und Hilfsutensilien Balkongärtner im Sortiment haben sollten, wie Sie Pflanzen einkaufen und was Sie in Sachen Lagern, Sammeln und Aufbewahren wissen sollten, abgerundet durch ein kleines Lexikon gängiger Fachbegriffe.

Grundausstattung

Wer ein wahrer Gärtner werden will, legt Wert auf seine Ausrüstung. Legen Sie sich wenige, wichtige Dinge von guter Qualität zu. Gartengeräte sollten aus rostfreiem Edelstahl oder aus einer Kupferlegierung bestehen.

Ohne eine gute **Gartenschere** geht gar nichts. Sie muss stabil sein und gut in der Hand liegen. Im Idealfall schneidet sie dünne Äste von bis zu zwei Zentimetern Durchmesser und besitzt eine Arretierung, damit sie geschlossen bleibt, wenn man sie gerade nicht verwendet.

Achtung: Stumpfe Scheren quetschen und verletzen weiche Blumenstängel mehr als dass sie sie schneiden. Das kann dazu führen, dass die Pflanze an der Schnittstelle leichter fault bzw. vertrocknet, weil die Kanäle, durch die sie Wasser und Nährstoffe aufnehmen kann, verstopft werden.

Gartengeräte aus Kupfer tun dem Boden gut – sie geben Spurenelemente ab, das Material ist weicher und kann daher schärfer gekantet werden: Das erleichtert die Gartenarbeit.

Zur Grundausstattung für den Balkongärtner gehören außerdem ein, zwei kleine **Handschaufeln** mit stabilem Holz- oder Plastikgriff, eine drei- oder vierzackige **Gartenkralle** zum Aufgraben der Erde und zum Jäten und ein kleines **Multifunktions-Taschenmesser** mit verschiedenen Klingen und eventuell eine kleine **Säge**. Zum Abschneiden von Blüten empfiehlt sich eine gute **Haushaltsschere**. Wer größere Erdmengen zu bewegen hat, wird außerdem einen guten, kleinen **Spaten** zu schätzen wissen. Ein äußerst nützliches Gerät ist der **Fugenreiniger**: Er eignet sich hervorragend, um Spalten zwischen Terrassen- und Balkonfliesen von Unkraut zu befreien.

Gartenarbeit ohne **Handschuhe** bezahlen Sie teuer mit kleinen Hautverletzungen und rauer Haut. Am besten sind dünne Baumwollmodelle mit verstärkter, rutschfester Innenseite, die es in jedem Gartencenter in großer Auswahl für ein paar Euro zu kaufen gibt. Vermeiden Sie dünne, eng anliegende Plastikmodelle, die garantiert zu Schweißhänden und Badewannen-Kräuselfingerspitzen führen!

Balkongärtner kommen in der Regel mit einer großen **Gießkanne** über die Runden. Nehmen Sie eine leichtgewichtige Plastikgießkanne von maximal 10 Litern Füllvolumen. Für Zimmerpflanzen tun es auch kleinere 2-3-Liter-Modelle. Wichtig ist, dass die Gießkanne am Ausguss einen abnehmbaren Aufsatz besitzt, damit Sie den Gießstrahl variieren können.

Zur Grundausstattung gehören auch **plastikverkleideter Draht**, **Gärtnerbast** und **-schnur**. Sie werden feststellen, dass es praktisch ständig irgendetwas aufzubinden, anzubinden oder zu befestigen gilt.
Außerdem brauchen Sie **Stäbe als Pflanzenstützen und Rankhilfen**. Die besten Rankhilfen sind immer noch **Bambusstäbe**, die es in allen Längen und Stärken in

Gartencentern oder Baumärkten zu kaufen gibt. Sie sind stabil, haltbar und formschön und äußerst vielseitig einsetzbar: Als Rankhilfe, zum In-der-Erde-Stochern, zum Regenwurm-Aufheben, Befestigen von Etiketten oder – kreuz und quer durcheinandergesteckt – als biologische Katzenklo-Vereitlungsinstrumente.

Selfmade-Freunde können selbstverständlich auch zu Selbstgeschnittenem wie Haselnuss-Stecken und Weidenruten greifen. Doch aufgepasst: Noch besser sind **Birkenruten**. Sie sind um einiges biegsamer als Haselnuss-Stecken und treiben nicht so leicht aus wie Weidenruten.

Metallstäbe und -spiralen als Rankhilfen für Kletterpflanzen oder Stützen für Tomaten sind sehr in Mode. Praktisch sind sie leider nicht, da ihre glatte Oberfläche wenig Halt bietet. Einmal ganz abgesehen davon, dass sie unverhältnismäßig teuer sind.

Ein guter Besen ist möglichst langstielig, damit Sie sich bei all dem Buckeln und Beugen Kreuzschmerzen ersparen, und besitzt harte, widerstandsfähige Borsten z.B. aus Palmyra-Palmfasern. Mit einem solchen Besen kann nicht nur feuchtes Laub, sondern im Winter auch Schnee gekehrt werden. Hinzu kommen ein guter **Handfeger** und ein **Kehrblech**.

Beim Gärtnern fällt immer Biomüll an. Um geplatzte Müllsäcke zu vermeiden, greifen Sie am besten zu den großen Plastik-Einkaufstaschen, die man bei Einrichtungshäusern bekommt. Sie sind ungeheuer widerstandsfähig und können bei Wind und Wetter draußen stehen bleiben. Die Säcke haben noch einen Vorteil: Man kann auch gleich den ganzen Küchen-Biomüll dazugeben. Ein kleiner Tipp: Packen Sie die Taschen nicht zu voll mit Erd- und Pflanzenresten. Sie werden mörderisch schwer und unhandlich.

Mit **Gummistiefeln**, dem Standardschuhwerk des Gärtners, sind Sie als Balkon- und Terrassengärtner slightly overdressed. **Gummi-Galoschen** tun es auch. Schick werden Sie damit nie aussehen, dafür bleiben Ihre Füße bei der Gartenarbeit trocken und sauber.

Lachen Sie nicht: Ein entscheidendes Gärtnerwerkzeug ist der Fotoapparat. Einige Ihrer nichtgärtnernden Freunde werden zwar nur mühsam das Gähnen unterdrücken, wenn Sie sie mit Ihren Blumenfotos behelligen. Langfristig dienen Ihre Fotos aber als Dokumentation Ihres Fortkommens als Gartenlehrling und des Werdens Ihres Balkongartens über die Jahre.

Sammeln und Aufbewahrung

Wenn Sie Ihr Werkzeug nach Gebrauch einfach erdverklebt und nass in ein Eck schleudern, bleibt es nicht lange voll einsatzfähig. Daher gilt: Erde und Pflanzenrückstände immer gleich abwaschen, die Werkzeugflächen und -klingen mit einem weichen Tuch trocken reiben. Das gilt besonders für die Klingen von Gartenscheren und -messern, damit sie scharf bleiben.

Tontöpfe, die Sie nicht in Gebrauch haben, stapeln Sie locker ineinander und legen Sie auf die Seite. Niemals Töpfe stehend stapeln, weil Temperaturveränderungen und Feuchtigkeitsschwankungen dazu führen können, dass die Töpfe sich leicht ausdehnen und dann so fest ineinander stecken, dass Sie sie zerbrechen müssen, um sie voneinander zu lösen.

Samen – egal, ob selbst gesammelt oder gekauft – dürfen Sie niemals in Plastiksäckchen aufbewahren: Diese halten die Feuchtigkeit und fördern so das Faulen oder Schimmeln der Samen. Am besten sind kleine Papiertütchen.

Prinzipiell bewahrt man Samen an einem dunklen und trockenen Platz auf. Dasselbe gilt auch für die Zwiebeln von Tulpen, Narzissen oder Hyazinthen. Man nimmt sie nach der Blüte und dem Abtrocknen der Blätter aus der Erde und lässt sie ein bisschen trocknen, bevor man sie in Einzellagen locker lagert. Gut eignen sich dafür zum Beispiel mit Zeitungspapier ausgelegte Obststeigen aus Holz.

Pflanzen etikettieren

Was Sie wo gepflanzt haben, ist nicht immer so klar und augenfällig, wie Sie vielleicht glauben. Deshalb etikettieren Sie Ihre Pflanzungen am besten gleich von Anfang an in unmissverständlicher Weise:

Bei Samenpäckchen ist es leicht. Sie spießen einfach das leere Samenpäckchen auf einen kurzen, dünnen Bambus-Stab auf, klammern es mit einem Tacker oben und unten eng neben dem Stab fest und stecken es in den Topf, in den Sie die Samen gesät haben.

Eine andere Möglichkeit sind Namensschilder aus Plastik, wie es sie in jedem Gartencenter zu kaufen gibt. Dabei handelt es sich um unten zugespitzte, weiße Hartplastikstreifen, die man in die Erde steckt. Die Billigvariante dieser Technik sind Pflanzetiketten aus in Streifen geschnittenen Joghurt-Bechern.

Das beste Werkzeug, um das Plastiknamensschild einer frisch gesetzten Pflanze zu beschriften, ist der gute, alte Bleistift. Egal, was die Leute erzählen: Alle anderen Stifte verschmieren, verschwimmen oder verschwinden mit der Zeit.

Lesen von Pflanzenetiketten

Die meisten Gartencenter verkaufen Pflanzen mitsamt ausführlichem Etikett. Darauf steht alles, was Sie wissen müssen. Zögern Sie nicht, einen Mitarbeiter zu fragen, falls Sie etwas nicht verstehen. Zur Entschlüsselung ist es hilfreich, ein paar Symbole zu kennen:

Pflanzenname

Etiketten verzeichnen normalerweise den Namen einer Pflanze auf Deutsch und ihren botanischen Namen auf Lateinisch, z.B. Rittersporn, **Delphinium**. Verkauft werden spezielle Sorten, deren Namen an den Gattungsnamen angehängt wird; z.B. Delphinium ‚Berghimmel'. Dazu kommt manchmal noch der Name der Pflanzenfamilie, zu der eine Gattung gehört. Im Fall der Gattung Rittersporn wäre das die Familie „Ranunculaceae", auf Deutsch „Hahnenfußgewächse".

Standort

Sonnig, halbschattig, schattig – wo die Pflanze sich am wohlsten fühlt, sehen Sie an diesem Symbol.

Wuchshöhe

Dieses Symbol erklärt, wie hoch eine Pflanze im Durchschnitt wird, die Angabe erfolgt zumeist in Zentimeter.

Blütezeit 

Die Blütezeit einer Pflanze wird in der Regel in römischen Ziffern angegeben: V-VI bedeutet z. B., dass die Blütezeit zwischen Mai und Juni liegt.

Blütenfarbe

Die Blütenfarbe wird entweder in Worten (blau, weiß, rot etc.) oder mit entsprechenden Farbsymbolen angegeben.

Frosthärte 

Dieses Symbol gibt Auskunft über die Frosthärte einer Pflanze, gibt also die Temperatur an, bis zu der sie ungeschützt draußen verbleiben kann.

Ein Kristall mit Dach darüber bedeutet: nicht frosthart, d.h. dass die Pflanze bei Temperaturen unter 5° C Schaden nehmen kann. Üblicherweise folgt diesem Symbol eine Angabe der Mindesttemperatur, die die Pflanze für gutes Gedeihen braucht.
1 Kristall bedeutet: bedingt frosthart, d.h. die Pflanze erträgt Temperaturen bis 0° C
2 Kristalle bedeuten: frosthart, d.h. die Pflanze erträgt Temperaturen bis -5° C
3 Kristalle bedeuten: voll frosthart, d.h. die Pflanze erträgt Temperaturen bis unter -15° C. In unseren Breitengraden können solche Pflanzen getrost auch im Winter im Topf draußen bleiben.

Kleines Begriffslexikon für Gärtner

Kalter Fuß? Pikieren? Wurzelnackt? Wie jede Subkultur hat auch die Gärtnerei ihren eigenen Soziolekt, den Uneingeweihte bisweilen nur mit Mühe verstehen. Als Basiswortschatz genügen einige Begriffe, deren Kenntnis sehr hilfreich ist:

Einjährige, Zweijährige, Mehrjährige

Auf Samenpäckchen, Pflanzenetiketten und in Gartenbüchern liest man oft die Vermerke „einjährig", „zweijährig" oder „mehrjährig".

Einjährige sind Pflanzen, die innerhalb einer Wachstumsperiode – grob gesprochen von April bis Oktober – keimen, wachsen, blühen, Samen ausbilden und absterben. Sie versprechen raschen gärtnerischen Erfolg. Dekorative Einjährige, die sich besonders leicht und schnell aus Samen ziehen lassen, sind z.B. Ringelblume, Kapuzinerkresse, Klatschmohn, Trichterwinde, Studentenblume, Jungfer-im-Grünen oder Schmuckkörbchen.

Zweijährige beschränken sich im ersten Jahr darauf zu wachsen und zu reifen: Blüte und Samenbildung finden erst im zweiten Jahr statt. Verkauft werden sie zumeist in ihrem zweiten Jahr – trotzdem lohnt es sich nachzufragen. Andernfalls sind Sie vielleicht enttäuscht, weil die Zweijährigen nicht gleich in ihrer ersten Saison bei Ihnen Blüten ansetzen. Vertreter sind z.B. Fingerhut oder Stockrose.

Als **Mehrjährige** bezeichnet man alle Pflanzen, die mindestens drei Jahre gedeihen. Sie werden auch „ausdauernde" Pflanzen genannt. Beispielsweise sind das Pfingstrosen, Taglilien und Lilien, Iris, Astern, Nelken, Rittersporn oder Storchschnabel.

Wurzelnackt

Wurzelnackte Pflanzen sind holzige Sträucher oder Stauden, die nicht mit einem Erdballen, sondern ohne Erde an den Wurzeln verkauft werden. Zu diesem Zweck werden sie in ihrer Ruhephase – sprich, wenn sie keine Zeichen von Wachstum zeigen – ausgegraben.

Drainageschicht

Hierbei handelt es sich um eine Schicht, die in jedem Topf vorhanden sein sollte. Sie besteht zum Beispiel aus Blähton oder Styroporkügelchen am Topfboden, so dass überschüssiges Wasser ablaufen kann. Dadurch wird Staunässe verhindert, die schnell zu Fäule der Wurzeln führen kann.

Pikieren

Unter Pikieren versteht man das Vereinzeln von aus Samen gezogenen, kleinen Pflänzchen. Zumeist stehen sie nach dem Keimen viel zu dicht und müssen daher, sobald sie zwei, drei Blätter gebildet haben, auseinandergesetzt werden.

Fürs Pikieren braucht es ein bisschen Fingerspitzengefühl. Am besten geht es mit einem Pikierbesteck aus Kunststoff, das aus einer Art zweizackiger Gabel und einem spitz zulaufenden, leicht kegelförmigen Stab besteht. Sie können es aber genauso gut mit einer Plastikgabel und einem dünnen Bambusstäbchen machen. Mit deren Hilfe heben Sie die Pflänzchen vorsichtig so aus der Erde, dass ihre feinen Wurzeln nicht verletzt werden.

Torfquelltöpfchen

Für das Vorziehen von Blumen und Gemüsepflanzen aus Samen in der Wohnung eignen sich Quelltöpfchen besonders gut. Sie sind nichts anderes als eine in Talerform gepresste, außen mit einem feinmaschigen Vlies überzogene Torf-Kalk-Nährstoffmischung. Sie legen die Taler nebeneinander in ein Plastikgefäß, gießen langsam mit warmem Wasser auf und lassen sie zu fünf bis sieben Zentimeter hohen Zylindern aufquellen, in die Sie oben ein bis zwei Samen hineindrücken. Die gekeimten Sämlinge können Sie später – sobald die Wurzeln durch das Maschenvlies herausschauen – mitsamt dem Quelltöpfchen in größere Gefäße umsetzen und nach den Eisheiligen nach Draußen übersiedeln.

Manche Blumensamen sind so winzig, dass man sie kaum mit den Fingern aufgreifen und in Töpfe säen kann. Ein kleiner Trick hilft: Man befeuchtet einfach ein spitz zulaufendes Holzstäbchen mit Wasser. Taucht man es dann in die auf die gekrümmte Handinnenfläche geschütteten Samen, bleiben diese haften und können dort in der Erde vom Stäbchen abgestreift werden, wo sie hingehören.

Kalter Fuß

Wenn Sie irgendwo in einer Pflegeanleitung lesen sollten, dass eine Pflanze einen „kalten Fuß" braucht, handelt es sich dabei nicht etwa um die Aufforderung, ihr mit roher Kickbox-Gewalt zu begegnen. Es bedeutet vielmehr, dass Sie den Wurzelbereich dieser Pflanze beschatten sollten. Dies machen Sie am besten, indem Sie z.B. die Erde mit Steinen bedecken oder die Wurzeln mit einem zerbrochenen Tontopf schützen. Typische Vertreter der „Kalten Fuß"-Fraktion sind ursprüngliche Waldbewohner wie Clematis oder manche Lilien.

Samen aussäen

Das Aussäen von Samen ist keine Geheimwissenschaft. In neun von zehn Fällen folgt man einfach dem, was auf der Rückseite gekaufter Samenpäckchen als Aussaat-Anleitung vermerkt ist. Das bedeutet zumeist: Samen aus der Verpackung nehmen, leicht in die Topferde drücken, eine dünne Schicht Erde darüber und mit einem ganz leichten Brausestrahl Wasser gut angießen. Fertig. Das Ganze hält man gleichmäßig feucht, macht es aber nie komplett nass. Die Samen brauchen die Feuchtigkeit zum Keimen. Wird es aber zu viel, beginnen sie zu faulen.

Bei größeren Samen wie denen von Kapuzinerkresse legt man jeweils zwei bis drei Stück in eine der seichten Mulden, die man vorher mit dem Finger in die Erde gemacht macht und deckt sie mit Erde zu. Winzige, staubartige Samen wie die des Löwenmauls streut man einfach oben über die Topferde und verteilt (oder siebt) eine ganz dünne Erdschicht darüber.

Es gibt eigene Anzuchterde zu kaufen. Sie ist besonders feinkörnig, locker und ungedüngt. Letzteres ist günstig, damit die Keimlinge nicht gleich über Gebühr ins Kraut schießen. Tatsächlich genügt aber auch eine fein gekrümelte normale Blumenerde für die Samen-Ansaat.

Manche Samen brauchen es dunkel zum Keimen (Dunkelkeimer), andere wie die Akeleien brauchen es hell (Lichtkeimer) und werden fürs Keimen nur leicht in die Erde gedrückt, nicht aber mit Erde bedeckt. Wieder andere wie die Schlüsselblume brauchen eine Kälteperiode, bevor sie aufgehen können (Kaltkeimer).

Ein Gartentagebuch funktioniert ein bisschen wie ein Gästebuch. Sie schreiben damit die Biographie Ihrer Pflanzen. Außerdem können Sie unter Umständen auch Ihre gärtnerischen Erfolge erhöhen: Wenn Ihre Aufzeichnungen vermerken, dass Ihnen im Vorjahr viele Pflanzen erfroren sind, weil Sie sie zu früh aus Ihrem Winterquartier hinaus gestellt haben, werden Sie dieses Jahr vielleicht etwas länger warten.
Notieren Sie, was Sie wann und wo gepflanzt haben. Auf diese Art haben Sie Kontrolle darüber, welche Pflanzen in Ihren Töpfen gut gedeihen und welche nicht. Außerdem ist es im Jahresrückblick interessant zu wissen, wann eine Pflanze in diesem und wann im letzten Jahr geblüht hat. Mit der Zeit liefern Ihnen Ihre Notizen eine Art privaten Bauernkalender.

Pflanzenkunde/Pflanzenwahl

Welche Pflanzen Sie kaufen, hängt davon ab, was Sie in Ihrem Topfgarten anstellen wollen. Nur: Woher sollen Sie wissen, was Sie wollen und was für Sie geeignet ist, wenn Sie im Gartencenter vor einer riesigen Auswahl an Topfpflanzen, Setzlingen und Samenpäckchen stehen? In diesem Kapitel erhalten Sie ein paar Entscheidungshilfen, Tipps fürs richtige Einkaufen und eine Liste mit gängigen, schönen und unkomplizierten Pflanzen für die erfolgreiche Topfgärtnerei drinnen und draußen.

Tipps fürs Einkaufen

Kaufen Sie, was Ihnen gefällt, und verlassen Sie sich auf Ihren Verstand: Eine Pflanze, die auf den ersten Blick schwächlich aussieht, ist es auch. Aus einem hässlichen Entlein wird nur unter Aufbietung größter gärtnerischer Mühe ein schöner Blüten-Schwan. Entscheiden Sie sich also gleich für kräftige, üppig grüne Pflanzen. Außerdem gilt es, zwei kleine Warnhinweise zu beachten:

Wenn sich oben auf der Topferde schon Moos und Unkraut breit machen, können Sie davon ausgehen, dass die Pflanze bereits zu lange in ihrem Topf auf einen Käufer wartet. Sie sitzt entweder schon im Topf fest oder hat alle Nährstoffe in der Erde aufgebraucht. Finger weg!

Zweitens: Ziehen Sie den Wurzelballen aus dem Topf. Ist die Außenseite des Ballens schon durch und durch von Wurzeln überzogen, können Sie davon ausgehen, dass die

Pflanze in ihrem neuen Topf weniger schnell anwachsen wird als eine, die noch keinen komplett durchwurzelten Ballen hat.

Neu gekaufte Zimmer- und Topfpflanzen haben oft ziemlich ausgetrocknete Wurzelballen. Bevor Sie sie zuhause umsetzen, bewährt es sich, sie aus ihrem Topf herauszuziehen und mit nacktem Wurzelballen ein, zwei Stunden in ein Wasserbad zu stecken. So können sich die Wurzeln einmal ordentlich mit Wasser vollsaugen.

Wenn Sie im Gartencenter eine Topfpflanze kaufen, ist es immer günstig, die oberste Erdschicht von etwa 2,5 cm Tiefe zu entfernen. In dieser Schicht sitzen meistens Unkraut-Samen, die Sie zuhause nicht brauchen können. Heben Sie die Schicht einfach ab und ersetzen Sie sie durch frische Erde.

Wenn Sie Samenpäckchen kaufen, achten Sie auf das eingestanzte Ablaufdatum. Ist es zu weit überschritten, wächst die Chance, dass nur mehr wenige Samen aufgehen und die Sämlinge sich nur schwach entwickeln. Bei vorgezogenen Setzlingen nehmen Sie immer die, die am kräftigsten und gesündesten aussehen.

Wo Kinder sind, ist es klüger auf einige Pflanzen, die zu den hochgiftigen zählen, zu verzichten, so z.B. Maiglöckchen, Fingerhut, Engelstrompete oder Eisenhut. Letzterer ist die giftigste Pflanze Europas!

Balkon- und Terrassenpflanzen von A – Z: Eine Auswahl

Symbolerklärung

- Einjährige Pflanze
- Zweijährige Pflanze
- Dreijährige Pfanze
- Strauch
- Für Anfänger geeignet
- Fensterbank
- Vase
- Kletterpflanze
- Langzeitblüte
- Leicht giftig!
- Giftig!
- Balkon
- Terrasse
- Zimmer

Alpenveilchen, Zyklame
Cyclamen persicum

↕ 5 – 35 cm
XII – III

Als Zimmerpflanzen sind Zyklamen Dauerbrenner. Der Name Alpenveilchen weist auf ihre vage, optische Verwandtschaft mit Veilchen hin. Wie diese besitzen sie herzförmige Blätter, die im Fall der Zyklamen häufig marmoriert sind, und an langen Stielen sitzende Blüten. Es gibt dutzende Sorten, von denen einige kaum fünf Zentimeter groß sind, andere richtiggehend protzig und bis zu 35 Zentimeter hoch. Geben Sie Ihrer Zyklame ein helles, aber nicht voll sonniges, eher kühles Plätzchen und halten Sie sie nach der Blütezeit in ihrer Ruhephase trocken.

Z

Amaryllis oder Ritterstern
Hippeastrum

↕ 50 – 60 cm
I – III

Amaryllis und ihre Verwandten, die Clivien, gehören zu den unkompliziertesten Zimmerpflanzen. Ihre riesigen Trichterblüten entwickeln sich aus einer Dolde ganz oben an einem dicken Röhrenstängel. Außerdem lassen sie sich ganz leicht vermehren. Sie trennen einfach beim Umtopfen kleine Brutzwiebeln von der Zwiebel der Mutterpflanze ab und setzen sie in eigene Töpfe. Eine Amarylliszwiebel können Sie übrigens auch in eigenen Vasen ganz ohne Erde nur mit Wasser zum Blühen bringen.

Aster
Aster

bis 120 cm
VIII – X

Die Astern sind eine große Pflanzenfamilie. Wenn Sie sich auf Sorten einschwören, die erst im Spätsommer zu blühen beginnen, können Sie sich bis weit in den Herbst hinein an den dichten Schirmrispen mit den vielen kleinen margeritenartigen Blütenbüscheln in allen Farbtönen von Weiß über Rosa bis zu Lila und Violett freuen. Viele Asternstauden werden über einen Meter hoch. Sie brauchen also einen größeren Topf und gehören im Spätherbst nach der Blüte zurückgeschnitten.

B

T

Begonie
Begonia

20 – 40 cm
VI – X

In der großen Begonien-Familie sind die Knollen-Begonien die mit den größten Blüten. Sie werden meistens einjährig kultiviert. Einzeln in Töpfen auf der Fensterbank oder auf dem Balkon sehen sie wie große, buschige, bunte, fleischige Pflanzentiere aus. Einige Arten wie die Königs- und Eliatorbegonien sind auch gute Zimmerpflanzen. Vor allem während der Blüte müssen Sie sie regelmäßig düngen!

B
T
F
Z

Chrysantheme
Chrysanthemum

30/50 – 100 cm
IX – XI

Die aus China stammende Chrysantheme, die zu blühen beginnt, wenn die meisten anderen Pflanzen sich zurückziehen, gilt als Symbol für langes Leben. Verkauft werden meistens nur zwei, drei recht hübsche, aber unspektakuläre Arten mit weißen oder gelben Blüten. Neben den kleinblütigen, üppig wuchernden Garten-Chrysanthemen gibt es auch großblütige, bronzefarbenen Sorten, die beinahe wie Pfingstrosen aussehen. Chrysanthemen sind gute Topfpflanzen für drinnen und draußen – erkundigen Sie sich beim Kauf jeweils nach ihrer Eignung.

B T F Z

Clematis oder Waldrebe
Clematis

↕ 200 – 350 cm
IV – V, V – VI, VII – IX

B
T

Wenn Sie beim Kauf von Clematispflanzen darauf achten, früh-, mittel- und spätblühende Sorten zu kombinieren, können Sie sich mitunter von Anfang April bis September über wechselnde Clematisblüten-Kaskaden auf Balkon- oder Terrassenwänden freuen. Frühe Arten sind etwa *Clematis alpina* und *Clematis macropetala*, mittlere z.B. *Clematis florida*, späte z.B. die beliebte, großblütige *Clematis jackmanii*. Als ursprüngliche Wald-Kletterpflanzen brauchen Clematis einen ‚kalten Fuss' (s. S. 26). In Töpfen müssen sie regelmäßig gedüngt werden.

Clivie oder Riemenblatt
Clivia

↕ 30 – 50 cm
III – VII

Clivien, die kleinblütigeren Schwestern der Amaryllis, sind robuste, widerstandsfähige und besonders reich blühende Zimmerpflanzen mit dichten, meist orange-gelben Blütendolden (*Clivia miniata*) – sofern Sie auf die einzige Eigenheit Rücksicht nehmen, die sie besitzen: Wenn Sie in der Wachstumsphase den Winkel verändern, in dem die Pflanze zum Licht steht, kommt sie nicht zur Blüte. Nach dem letzten Frost können Sie Ihre Clivie getrost hinausstellen und den ganzen Sommer über dort lassen.

B
T
Z

Dahlie
Dahlia

20/30 – 200 cm
VII – X

Dahlien treiben bis zum ersten Frost immer und immer wieder neue Knospen aus, wenn Sie sich die Mühe machen, ihnen die welken Blüten regelmäßig abzuknipsen. Bei Dahlien haben Sie die Qual der Wahl: Es gibt Liliput-Sorten, aber auch riesenhafte mit Blütenköpfen von bis zu 25 Zentimetern Durchmesser. Gleichermaßen üppig sind Blütenformen und Farbpalette. Für die Topfkultur sollten Sie vielleicht von den größten Sorten Abstand nehmen. Im Herbst, nach der Blüte, holen Sie die Dahlienknollen aus der Erde, bürsten sie gut ab und überwintern sie in Sand an einem gut belüfteten, kühlen Ort.

Engelstrompete
Brugmansia

bis 200 cm
VI – X

Engelstrompeten sind im mitteleuropäischen Klima klassische Kübelpflanzen, die im Sommer draußen stehen und blühen, im Herbst kräftig zurückgeschnitten werden und in einem kühlen Raum überwintern. Sie sind kräftige, baumförmige Sträucher, die weiß-rosa oder gelbe Hängeblüten von bis zu 15 Zentimetern Länge entwickeln. Die Blüten öffnen sich gegen Abend und verströmen einen betörend süßen, schweren Duft. Sie müssen Ihre Engelstrompeten während der Wachstumsphase viel gießen und düngen, wenn sie schön blühen soll. Sie ist sehr giftig, halten Sie also Ihre Kinder von ihr fern.

B

T

Fetthenne oder Mauerpfeffer *Sedum*

↕ 5 – 10 cm, 25 – 30 cm
VII – IX

Dickblattpflanzen wie die Fetthenne sind praktisch durch nichts umzubringen, machen sich gut mit ihren fleischigen, wasserspeichernden Blättern und kleinen Blütendolden und sind auf heißen Terrassen hervorragende Flächendecker. Besonders schön: Sedum „Ruby Glow", eine niedrige, laubwerfende Dickblatt-Staude mit purpur-grünen Blättern und rubinroten Rispen voller sternförmiger Blüten. Auch der ganz gewöhnliche Mauerpfeffer – *Sedum acre* – ist ein guter Bodendecker und bildet in Töpfen lustige Polster, die im Sommer mit sternförmigen, kleinen gelben Blüten übersät sind.

Fingerhut
Digitalis

↕ 80 – 100 cm
VI – VII

Der klassische Fingerhut – *Digitalis purpurea* – entwickelt im Sommer eine oder zwei große, von unten nach oben aufblühende, spitz zulaufende Dolden purpurfarbener, pantoffelförmiger Blüten mit gepunktetem Schlund. Fingerhüte sind die Idealbesetzung auf Balkon oder Terrasse – sofern keine Kinder darauf spielen, da der Fingerhut hochgiftig ist, und zwar in allen seinen Teilen. Schon der Verzehr von nur zwei, drei Blättern kann tödlich sein. Es schadet auch nicht, sich ihm mit Handschuhen zu nähern. Allerdings machen seine Schönheit und seine Schattenverträglichkeit den Nachteil der Giftigkeit wieder wett.

B

T

Fleißiges Lieschen
Impatiens walleriana

20 – 45 cm
V – IX

Die Fleißigen Lieschen tragen ihren Namen nicht umsonst: Sie sind emsige Blüher und bilden mit ihren stark verästelten Trieben schnell üppige Blatt- und Blütenpolster. Ihre fünfblättrigen Schalenblüten stehen oft dicht an dicht überm Blattlaub, die Farbpalette reicht von Weiß, Rosa, Orange, Rot und Purpur bis zu zweifarbig. Fleißige Lieschen eignen sich auch als Zimmerpflanzen, anders als im Freien werden sie dann nicht als Einjährige gezogen.

B
T
F
Z

Fuchsie
Fuchsia

↕ 50 – 150 cm
V – X

Fuchsien blühen üppig und über Monate. Außerdem können sie aufrecht oder hängend, als Hochstämmchen oder kleiner Busch gezogen werden. Ihre Blüten haben eine ungewöhnliche Form, häufig mit Kron- und Kelchblütenblättern in verschiedenen Farben und weit aus der Blüte hervorstehenden Staubgefäßen. Zwei der gängigsten und schönsten Sorten sind *Fuchsia „Deutsche Perle“*, deren große Blüten zweifarbig weiß und purpur sind, und die filigrane, rot-purpurne Scharlachfuchsie *Fuchsia magellanica*, die bei heller Überwinterung sogar in der Wohnung weiterblüht.

B
T
F

Funkie
Hosta

30 – 70 cm
VI – VIII

Funkien sind die Stars im Schattengarten. Mit ihren Büscheln großer, fleischiger Blätter, die es in allen möglichen Farbtönen von Grün, Gelb, Blaugrün und Graublau bis hin zu auffällig panaschiert – sprich weiß-grün gemustert – gibt, verleihen sie auch noch dem düstersten Terrasseneck spektakulären Glanz. Ihre Blüten in Weiß- oder Lila-Tönen stehen an langen, kahlen Stängeln hoch über den Blättern.

B

T

Gräser

↕ 20/30 – 100/200 cm

Gräser machen sich nicht nur in Rabatten und Staudenbeeten, sondern auch in Töpfen sehr gut. Egal, ob Zier- oder Wildgräser, Gräser geben einer Grünraumgestaltung eine besondere Struktur, und zwar sowohl als Platzfüller als auch als einzeln stehende Blickfänge. Anfang Herbst schwingen sie sich zu herrlich glühenden Farbspielen auf. Farbfeuerwerke erreichen Sie am besten, wenn Sie Ihren Gräsern sonnige Standorte geben. Über den Winter können Sie sie stehen lassen und erst im Frühjahr vorm Neuaustrieb zurückschneiden. Dann sieht Ihre Terrasse während der kalten Monate nicht ganz so kahl aus.

B

T

Hornveilchen
Viola cornuta

↕ 10 – 25 cm
V – X

Wie der Name schon sagt, gehören sie zur Familie der Veilchen, stammen ursprünglich aus den Pyrenäen und sind die Vorfahren der viel großblütigeren, unter dem Verdacht äußerster Biederkeit stehenden Stiefmütterchen. Wenn Sie ihnen regelmäßig die verwelkten Blüten abzupfen, sind sie die eifrigsten Blüher. Die Blütengröße der Hornveilchen liegt genau in der Mitte zwischen Stiefmütterchen und Veilchen. Es gibt inzwischen so viele Züchtungen, dass an Farbkombinationen praktisch alles möglich ist. Wie Veilchen tolerieren sie auch halbschattige oder schattige Standorte.

B

T

F

Hortensie
Hydrangea

50 – 100 cm
VII – IX

Hortensien, die jeden zweiten Ziergarten und Terrassenkübel der 1960er Jahre schmückten, feiern eine Renaissance. Ihr altmodischer, an britische Cottagegärten gemahnender Charme ist ihnen geblieben. Sie sind gemütliche, rundliche Kleinsträucher mit eiförmigen, hellgrünen Blättern und kugeligen Blütenschirmrispen. Wenn Sie eine blaublühende Hortensie kaufen, kann es passieren, dass sie schon im nächsten Jahr plötzlich rosa blüht. Kein Grund zur Sorge: Verpassen Sie ihr ein bisschen Hortensien-Dünger. Er enthält Kalialaun, das für die Rückfärbung Richtung Blau sorgt.

B
T
Z

Kaiser-, Prunk- oder Purpurwinde
Ipomoea

bis zu 300 – 400 cm

V – X

Nichts befriedigt das Gärtnerherz tiefer als ein rascher Blüherfolg. Daher: Drei, vier Samen der Kaiserwinde in einen größeren Topf mit Erde legen, feucht halten und abwarten. Bald blüht Ihnen eine bis zu vier Meter hohe Kletterpflanze mit blitzblauen Trichterblüten. Jeden Tag am Morgen öffnen sich neue Blüten, die – wenn es sehr heiß ist – zu Mittag vergehen. Wenn Sie die verblühten Blüten regelmäßig abknipsen, verlängern Sie die Blütezeit der Pflanze.

Kletternde Kaiserwinden gibt es auch in Rosa, Weiß, Violett, Purpur oder gestreift, außerdem mit gefiederten Blättern und roten Trichterblüten (Zypressen-Prunkwinde *Ipomoea quamoclit)* und mit lustigen gelb-weiß-roten Traubenblüten (*Sternwinde Ipomoea lobata*). Eine sehr hübsche, nicht rankende, sondern buschig niedrig wachsende Art ist die „Dreifarbige Winde“ *Convolvulus tricolor*: Sie ist violett mit gelb-weißem Schlund.

Kapuzinerkresse
Tropaeolum

20 – 400 cm
VII – X

Einfacher geht's wirklich nicht: Im Mai säen Sie einige Kapuzinerkresse-Samen in einen mittelgroßen Topf und drei Monate später stehen Sie bewundernd vor einer blütenübersäten, bis zu vier Meter hohen Kletterpflanze mit kreisrunden Stielblättern und rot-orangen bzw. gelben, gestielten Blüten. Kapuzinerkresseranken erklimmen praktisch alles, was Sie ihnen zur Verfügung stellen: Stäbe, Rankgerüste oder auch Sträucher. In der Sonne wirken die Blüten so, als wären sie von innen erleuchtet. Es gibt übrigens auch buschig wachsende, nicht rankende Sorten.

B

T

F

Lilie
Lilium

↕ 40 – 100 cm
VII – VIII

Lilien sind nicht nur spektakuläre, sondern auch ausdauernde Topfpflanzen. Als ursprüngliche Waldbewohner halten sie ihr Blattwerk und ihre Blütenköpfe gern in die Sonne, während ihre Wurzeln beschattet sein sollten. Lilien brauchen nährstoffreiche, humose Erde. Besonders gute Topfpflanzen unter den Lilien sind die weißblütige, rosa überhauchte Königslilie *Lilium regale*, die berauschend duftet, und die leuchtend orange Feuerlilie *Lilium bulbiferum*. Zupfen Sie die Jungpflänzchen, die im Frühjahr rund um die Mutterpflanze austreiben aus, damit sie der Hauptpflanze nicht Energie fürs Wachsen und Blühen rauben.

B

T

Z

Narzisse oder Osterglocke
Narcissus

30 – 50 cm
IV – V

Narzissen-Zwiebeln setzen Sie schon im September in Töpfe. Als Faustregel gilt: Die Zwiebel mindestens zwei Mal so tief einsetzen wie sie selbst hoch ist. Die bestückten Töpfe überwintern Sie draußen an einem möglichst trockenen Ort. Wenn Sie ein paar Töpfe mit Narzissenzwiebeln auf eine Innenfensterbank stellen, bekommen Sie schon mitten im Winter erste Blüten. Die nicht frostharte Weihnachtsnarzisse *Narcissus papyraceus*, die einjährig als Zimmerpflanze kultiviert wird, blüht schon im Dezember oder Januar. Manche Sorten wie die weiß-gelbe Dichter-Narzisse *Narcissus poeticus* duften sehr stark.

B

T

Z

Oleander
Nerium oleander

↕ 100 – 200 cm
VI – VIII

Eine Strauchpflanze aus dem Mittelmeerraum, für die es kein zu viel an prallem Sonnenschein gibt, ist der Oleander. Ihm können Sie getrost den sonnigsten und heißesten Platz auf Balkon oder Terrasse geben – solange Sie ihn viel und regelmäßig gießen, wird es ihm so am besten gefallen. Überwintern sollte er drinnen im Kühlen, außer Sie können dafür garantieren, dass es in Ihrer Gegend niemals friert. Ein Oleander, der sich wohl fühlt und gut wächst, braucht einiges an Platz. Das sollten Sie bedenken.

B

T

Pelargonie
Pelargonium

30 – 80 cm
V – X

B T F Z

Die Alltime-Klassiker unter den Balkonpflanzen sind die Pelargonien, die üblicherweise – wenn auch fälschlich – als Geranien bezeichnet werden. Die meisten stammen aus dem südlichen Afrika. Es gibt unüberschaubar viele Züchtungen, von denen die meisten Gartencenter nur einige wenige vertreiben. Um sie als Balkon- und Fensterkasten-Flor einzusetzen, kaufen Sie im Frühjahr kleine Pelargonien-Pflänzchen im Dutzend.

Als Einzeltopfpflanzen können Sie zur Abwechslung aber auch einmal zu ihren selteneren Schwestern greifen: den Duftpelargonien. Deren Blattlaub verströmt zum Teil sehr eigenwillige, völlig unverwechselbare Düfte: Von After Eight und Apfelminze bis zu Vanille, Orange, Schokolade, Motoröl oder Vaporub. Hell und kühl überwintern. Pelargonien gedeihen am besten, wenn Sie ihrem Gießwasser regelmäßig eine Dosis phosphatreichen Tomatendünger beimischen.

Petunie
Petunia

↕ 20 – 30 cm
VI – X

Wie Pelargonien sind Petunien Fixstarter im Balkonkasten. Sie haben kleine, behaarte Blätter und lustige, weiche Trichterblüten, die bei manchen Sorten sogar zweifarbig gestreift sind. Sie müssen Petunien entsprechend viel Platz lassen, weil sie eine ungeheure Menge an Blattwerk und Blüten entwickeln. Auch wenn es anfangs armselig aussehen mag: In einen Fensterkasten von einem Meter Länge gehören nicht mehr als vier Petunien-Pflänzchen.

B

T

F

Ringelblume
Calendula officinalis

↕ 25 – 45 cm
V – X

Ringelblumen sind absolute Alleskönner. Ihre handtellergroßen Blüten, die denen der Margeriten ähneln, besitzen eine unvergleichlich intensive orange Färbung, sie lassen sich ganz leicht aus Samen ziehen, sind völlig anspruchslos und blühen über Monate wie verrückt. Die Ringelblume ist eine uralte Heilpflanze. Auch wenn Sie als Topfgärtner nicht gleich zum Rühren von Ringelblütensalben schreiten werden, können Sie doch zumindest ihre fein würzig schmeckenden Blütenblätter verwenden, um sie über frische Salate zu streuen.

B
T
F

Rose
Rosa

↕ 30/40 – 200 cm (je nach Sorte)
je nach Sorte von Frühsommer – Frühherbst, manche zwei Mal pro Saison

Rosen sind und bleiben pflegeintensive, kapriziöse Geschöpfe. Wer das Gegenteil behauptet, hat sich noch nie düngend, stutzend, schädlingsbekämpfend und gut zuredend an einer abgearbeitet. Trotzdem: Wer will schon auf sie verzichten? Das Geheimnis der erfolgreichen Rosen-Topfhaltung liegt im Beschneiden der Wurzeln: Sie kaufen im Herbst eine wurzelnackte Rosenpflanze Ihrer Wahl. Bevor Sie sie einsetzen, schneiden Sie ihr mit einer scharfen Gartenschere die lange Hauptwurzel so weit oben wie möglich ab und kappen danach auch noch die Enden der Nebenwurzeln. Danach setzen Sie die Rose in einen Topf von mindestens 10 Litern Volumen. Auch die oberen Triebe kürzen Sie so ein, dass nur die kräftigsten drei, vier Hauptäste übrig bleiben und nicht höher als zehn Zentimeter über die Topferde hinausstehen. Im nächsten Frühjahr sollte Ihre solcherart behandelte Rose üppig austreiben und reich blühen. Gut kombinieren lassen sich Rosen übrigens mit Lavendel, Salbei, Storchschnabel oder Clematis.

Der scharfe Geruch von Knoblauch hält Blattläuse von Rosen fern. Stecken Sie einfach ein paar Zehen in die Topferde Ihrer Rose.

Salbei
Salvia

30/40 – 60 cm
V/VI – VIII/X

Neben dem Küchen- und Gewürzkraut-Salbei *Salvia officinalis* gehört zur großen Salbei-Familie auch noch eine ganze Reihe von Arten, die vor allem wegen ihrer schönen, bunten Blütenähren sehr beliebt sind. Da gibt es zum Beispiel den signalrot blühenden Feuer-Salbei, den blau-, rosa- oder weißblütigen Buntschopf-Salbei oder den blitzblauen Enzian-Salbei. Alle Ziersalbei-Arten können Sie als gute, unkomplizierte und sehr dekorative Topfpflanzen zum Einsatz bringen. Wenn Ihnen beim guten, alten Gewürzsalbei einmal der Sinn nach Abwechslung stehen sollte, entscheiden Sie sich für eine Pflanze von *Salvia officinalis ‚Tricolor'*. Dieser Salbei besitzt dreifarbige Blätter in grün, cremeweiß und rötlich. Als Kräuter- und auch als Zierpflanze können Sie den Ananas-Salbei einsetzen. Wie der Name schon sagt, duften seine Blätter, mit denen sich kühle Sommergetränke gut aromatisieren lassen, intensiv nach Ananas. Seine Blüten leuchten in intensivem Hellrot.

Sonnenhut
Rudbeckia

↕ 50 – 90 cm
VII – X/XI

Die Blüten des Sonnenhuts ähneln denen der Sonnenblume, sie sind nur kleiner, treten immer in großen Mengen auf und besitzen eine meist dunkelbraune Wölbung in der Mitte. Was sie zu so bestechenden Topfpflanzen macht, ist ihre lange Blühdauer. Mit ein bisschen Glück setzt Ihr Sonnenhut bis zum ersten Frost im November immer wieder neue Blüten an. Neben gelbem Sonnenhut gibt es auch tolle gelb-braune und rötlich braune Sorten, die in Kombination mit buntem Herbstlaub besonders schön leuchten.

Strohblume
Bracteantha

40 – 90 cm
VI – X

Die Blüten der Strohblume knistern richtiggehend, wenn Sie sie angreifen – so als wären sie aus farbigem Seidenpapier. Diese seltsame Eigenart und die Tatsache, dass ihre Blüten je nach Sorte in herrlichen Gelb-, Orange-, Rot-, Weiß- und Rosatönen leuchten, macht Strohblumen zu besonders beliebten Schnittblumen. Sie halten praktisch ewig – wenn alle anderen Vasenblumen längst den Geist aufgegeben haben, sehen Strohblumen immer noch gut aus. Als Balkonpflanzen im Topf machen Strohblumen über Monate eine hervorragende Figur.

B
T
F
V

Tulpe
Tulipa

15/20 – 80/100 cm
III – VI (je nach Sorte)

B T F Z V

Die alte Faustregel zum Tulpen-Pflanzen lautet: Die Tiefe der Pflanzlöcher sollte immer mindestens das Doppelte des Zwiebel-Durchmessers betragen. Gesetzt wird im Herbst – von Oktober bis zum ersten Frost. Die Zwiebeln brauchen die Winterkälte zum Austreiben. Wenn Sie in mehrere Töpfe früh-, mittel- und spätblühende Sorten einsetzen, können Sie sich von April bis Ende Mai über Tulpen freuen. Mit Tulpen haben Sie die Qual der Wahl: Es gibt einfache und gefüllte Blüten, ein- und mehrfarbige, ausgefranste und lilienblütige oder Wildtulpen, deren Knospen sich zu flachen Sternen öffnen. Auf der Fensterbank gezogen, blühen Tulpen schon im Winter.

Und so blühen Ihre Zwiebeln auch im nächsten Jahr wieder: Warten Sie einfach, bis die Zwiebelpflanzen nach der Blüte auch ihr Laub eingezogen haben, nehmen Sie dann die Zwiebeln aus der Topferde heraus. Die Tulpenzwiebeln lagern Sie bis zum Herbst an einem dunklen, trockenen Ort.

Weihnachtskaktus
Schlumbergera

20 – 30 cm
XI – I

Z

Der Weihnachtskaktus hat einen irreführenden Namen. Tatsächlich passt er noch besser zu Silvester, Sekt und Sprudel: Sein botanischer Name ist nämlich Schlumbergera. Blattkakteen wie der Weihnachtskaktus, die keine Stacheln, sondern flache, fleischige Blattsprossen besitzen, lieben Stabilität. Vor allem in der Zeit vom Knospenansatz bis zum Aufblühen wollen sie bleiben, wo sie sind. Nach der Blüte stellen Sie Ihren Weihnachtskaktus für einige Zeit an einen hellen, kühlen Platz, im Sommer darf er ruhig draußen stehen. Er sollte aber nicht zu nass werden. Topfen Sie ihn alle drei bis vier Jahre im Frühling um.

Wicke, Platterbse
Lathyrus

100 – 200 cm
VI – IX

Wicken oder Platterbsen gehören zu den Erbsengewächsen. Wie diese entwickeln sie neben Ranken und Blättern auch fadendünne „Greifarme“, mit denen sie ihre Klimmstäbe umklammern. Für Ihren Balkongarten ist besonders die Duftwicke oder Duftende Platterbse *Lathyrus odoratus* eine Idealbesetzung. Sie ist eine Kletterpflanze, die im Sommer anmutige, wohlriechende Blüten an langen Stielen entwickelt, die wie einfarbige Schmetterlinge aussehen. Ziehen können Sie sie ganz leicht aus Samen, die Sie im Mai direkt draußen in die Topferde säen. Duftwicken sind hinreißende Vasenpflanzen.

B

T

F

V

Wunderblume
Mirabilis jalapa

40 – 60 cm
VI – X

Die Wunderblume trägt ihren Namen mit Recht: Es wird Ihnen tatsächlich wundersam vorkommen, wenn an Ihrer Mirabilis-Pflanze im Sommer mittelgroße, trompetenförmige Blüten in gleichzeitig fünf verschiedenen Farben auftauchen: Rot, magenta, rosa, gelb und weiß. Die Wunderblume läuft nachts zur Höchstform auf: Ihre duftenden Blüten öffnen sich gegen Abend und welken am nächsten Morgen. Düngen Sie sie regelmäßig und geben Sie ihr viel Wasser.

B
T
F

Zinnie
Zinnia

↕ 20 – 70 cm
VI – X

Mit Zinnien sind Sie von Mai bis Oktober Schnittblumen-Selbstversorger. Zinnien ähneln Margeriten, die Blüten entwickeln sich am Ende langer Stiele. Ein weiterer Vorteil: Je regelmäßiger Sie einzelne Blüten abschneiden, desto stärker verzweigt sich die Pflanze und bildet neue Knospen. Zinnien gibt es in hohen oder niedrig wüchsigen Sorten, ihre Farbpalette reicht von Weiß und Gelb über Rosa, Pink und Magenta bis zu Orange, Karmesin und Kirschrot. Am besten kaufen Sie im Frühjahr in einer Gärtnerei kleine, vorgezogene Setzlinge und pflanzen sie im Abstand von 10 Zentimetern in größere Töpfe.

B

T

V

GARDEN
SOIL

Rund um Topf und Erde

Kleine Topfkunde

Theoretisch eignet sich fast alles zum Blumentopf, sogar ein alter Schuh oder ein ausrangiertes Emaille-Waschbecken. Suchen Sie sich Topfformen und -materialien aus, die Ihnen gefallen und zu dem Platz passen, den Sie zur Verfügung haben. Dabei gilt: Einheit erzeugt Weite. Je kleiner Ihr Balkon oder Ihre Terrasse ist, desto wichtiger ist eine halbwegs einheitliche Gestaltung.

Terrakotta versus Plastik

Die häufigsten Materialien für Blumentöpfe und -kästen sind Terrakotta, Ton und Kunststoff. Töpfe aus Terrakotta oder Ton sind durchlässig und lassen Pflanzenwurzeln besser atmen. Gleichzeitig entweicht besonders im Sommer die Feuchtigkeit schneller. Plastiktöpfe atmen nicht, dadurch besteht eine größere Gefahr von Staunässe und Fäulnis. Als Merksatz gilt: Pflanzen in wasserundurchlässigen Plastiktöpfen brauchen gut ein Drittel weniger Wasser als Pflanzen in Tontöpfen, die wasserdurchlässig sind. An heißen Tagen hält sich in ihnen allerdings die Feuchtigkeit länger.

Achtung bei schwarzen bzw. dunkelfarbigen Plastiktöpfen: An sonnigen Standorten heizen sie sich manchmal so stark auf, dass die Wurzeln der Pflanzen Verbrennungen erleiden. Dasselbe gilt übrigens auch für Metalltöpfe. Schlauer ist es, wenn Sie Metallgefäße nur als Übertöpfe verwenden.

Topf mit Loch

Was immer Sie als Blumentopf verwenden: Auch noch das ausgefallenste Pflanzgefäß braucht im Boden ein oder mehrere so genannte Drainage-Löcher, also Abflussöffnungen, durch die überflüssiges Gießwasser abrinnen kann. Wenn Sie das ignorieren, stehen Ihre Pflanzen bald mit klatschnassen Wurzeln da. Dieses Problem nennt sich Staunässe und kann zu frühzeitigem Pflanzentod durch Verfaulen und Verrotten führen.

Die meisten Blumentöpfe, die im Handel erhältlich sind, haben vorgebohrte Drainage-Löcher. Bei Blumenkästen aus Plastik sind diese Bodenlöcher häufig nur vorgestanzt. Sie müssen Sie – am besten mit Hammer und Meißel – durchstoßen, bevor Sie die Kästen bepflanzen. Etwas heikler ist die Lochbohrung bei Pflanzgefäßen aus Ton oder Stein. Am besten funktioniert es mit einem dünnen Steinbohrer und folgender Technik: Sie bohren in die Mitte des Topfbodens mehrere eng beieinander liegende kleine Löcher und schlagen dann mit einem Hammer die übrig gebliebenen Tonbrücken vorsichtig zu einem großen Loch aus. So laufen Sie weniger Gefahr als mit dicken Steinbohrern, dass Risse und Sprünge entstehen.

Topf-Hygiene

Gepflanzt wird nur in saubere Töpfe. Um aus gebrauchten, stark verschmutzten Ton-, Stein- oder Terrakotta-Töpfen Erd- und Wurzelreste und auch etwaige Pilzsporen zu entfernen, verwenden Sie Wasser und eine hartborstige Rundbürste. Die ideale Blumentopfbürste besteht aus einem kräftigen Borstenmaterial. Kunststofftöpfe lassen sich gut mit Seifenlauge und der rauen Seite eines Küchenschwamms reinigen. Spülen Sie danach die Töpfe aber unbedingt sehr gründlich mit warmem Wasser aus. Es sollten keine Seifenreste zurückbleiben.

Frostschutz für Töpfe

Nicht alle Töpfe sind automatisch frostfest. Fragen Sie beim Kauf nach. Im Zweifelsfall umwickeln Sie große Töpfe entweder mit Luftkissenfolie oder – ökologisch wertvoller – mit Schilfmatten oder Jutesäcken. Damit sie auch von unten nicht frieren können, stellt man sie auf Styroporplatten oder zumindest erhöht auf; z.B. auf drei Ziegelsteine.

Frostgefährdete Gefäße können Sie auch schon beim Bepflanzen vor Sprüngen schützen. Sie schlagen sie einfach mit einer Luftposterfolie aus, bevor Sie sie mit Erde auffüllen. Die luftgefüllten Bläschen federn den Druck ab, der entsteht, wenn die Erde bei Frost hart wird und sich ausdehnt.

Wiederverwertung

Werfen Sie gesprungene oder zerbrochene Tontöpfe nicht weg. Stattdessen können Sie sie als perfektes Drainageschicht-Material recyceln. Zu diesem Zweck müssen Sie die Tontöpfe mit dem Hammer in Scherben schlagen. Da der Ton sehr porös ist, springen dabei leicht Splitter ab, mit denen Sie sich böse im Gesicht, besonders im Auge verletzen können. Wenden Sie entweder den Kopf ab oder legen Sie die Stücke unter ein Stück Tuch oder Leinwand.

Untersetzer

Untersetzer fangen das Wasser auf, das durch die Drainage-Löcher im Topfboden ausfließt. Das ist gut, weil die Pflanze sich so auch von unten Wasser holen kann, wenn sie es braucht. Allerdings sollte die Topf-Untertasse nicht schwimmen. Ein bisschen Wasser im Untersetzer ist in Ordnung. Alles, was darüber hinausgeht, sollten Sie abgießen.

Blumenkästen

Regel Nummer Eins: Ein Blumenkasten sollte mindestens so lang sein wie das Fenster, vor dem er hängt, breit ist. Nachdem aber lange Blumenkästen unhandlich sind, nehmen Sie am besten zwei kurze auf eine Fensterlänge.

Regel Nummer Zwei bezieht sich auf das Material: Entscheiden Sie sich für Kunststoff, auch wenn Blumenkästen aus Ton oder Holz bisweilen schöner sind. Das Hantieren mit Blumenkästen ist häufig mühsam, weil man nur von einer Seite gut an sie herankommt. Sie werden merken: je leichter, desto besser!

Eiserne Regel Nummer Drei: Falls Sie vorhaben, Ihre Balkonkästen einfach auf einen Mauervorsprung oder ein Außenfensterbrett zu stellen, müssen Sie sie unbedingt zusätzlich absichern. Dafür eignen sich Riemen, dünne Drahtseile oder Ketten, die Sie um die Kästen schlingen und an einem in die Wand gedübelten Haken befestigen. Weniger ist auf keinen Fall möglich, wenn Sie vermeiden wollen, dass bei stürmischem Wetter unschuldige Spaziergänger unter ihrem Fenster von Blumengeschossen getroffen werden.

Erde

Sie kennen das bestimmt: Sie stehen im Gartenmarkt Ihres Vertrauens vor den Regalen, über denen das simpel klingende Schild „Blumenerde“ prangt, wissen aber vor lauter Auswahl nicht, zu welchen Säcken Sie greifen sollen. Guter Rat ist nicht teuer, wenn Sie sich an ein paar kleine Faustregeln halten.

Finger weg von Billigerde aus Supermarktsonderangeboten. Sie enthält mit ziemlicher Sicherheit einen zu hohen Torfanteil. Zu viel Torf führt dazu, dass das Gießwasser einfach abfließt, ohne die Erde im Blumentopf gründlich zu durchfeuchten. Ihre Pflanzen trocknen dadurch allzu leicht aus.

Lassen Sie sich nicht vom schönen Schein täuschen, der Ihnen eingibt, dass besonders feine, schwarze Erde auch besonders gute Erde ist. Das Gegenteil ist der Fall. Grobfasrige Erde ist immer besser als feinkörnige. Letztere neigt zum Verkleben und nimmt dadurch den Wurzeln die Luft zum Atmen.

Für Zimmerpflanzen verwenden Sie niemals normale Gartenerde, sondern speziell gemischte und zubereitete Blumenerde für Zimmerpflanzen. Die gibt es fertig im Fachhandel: Die meisten Zimmerpflanzen brauchen einen ph-Wert zwischen 5,5 und 6,5.

Für Balkon oder Terrasse eignen sich die meisten Blumenerde-Standardmischungen, solange sie nur von guter Qualität sind. Das bedeutet, dass sie hochwertigen Kompost und nicht zu viel Torf enthalten. Außerdem sind sie mit wasserspeichernden Tonteilchen versetzt und vorgedüngt, wodurch Ihre Topfpflanzen einige Zeit lang ausreichend Nährstoffe bekommen.

Kleine Sträucher und Bäume brauchen als Kübelpflanzen etwas mehr als herkömmliche Blumenerde, nämlich eine Mischung aus Gartenerde, Kompost, Ton und Sand. Es gibt sogenannte Dachgartenerde, die all das Gewünschte bereits enthält.

Mischen Sie wasserspeichernde Trockenkristalle unter die Topferde. Sie helfen dabei, dass die Erde an heißen Standorten nicht so schnell austrocknet. Trockenkristalle erhalten Sie ebenfalls in jedem gutsortierten Gartenfachhandel.

Um sich gut entwickeln zu können, brauchen manche Pflanzen spezielle Erdzusammensetzungen, die Sie fertig abgemischt in Gartenmärkten kaufen können. Dies gilt insbesondere für Orchideen, Kakteen, Azaleen, Hortensien oder Farne. Für diese Spezialisten gibt es auch eigene Düngermischungen.

Sie leisten einen Beitrag zum Schutz von Torfmooren, wenn Sie Erde ohne Torfanteil kaufen oder zumindest den Torfanteil gering halten. Es gibt mittlerweile einige Alternativen – ein guter Torfersatz sind Kokosfasern oder Rindenhumus.

Das 1 x 1 des Ein- und Umtopfens

Sie können einen noch so grünen Daumen haben – beherzigen Sie trotzdem beim Ein- und Umtopfen folgende kleine Regeln:

Kleinere Pflanzen gehören jedes Jahr umgetopft, große alle zwei bis drei Jahre. Wenn Sie vor lauter Wurzelwerk schon beinahe keine Erde mehr an der Topfoberfläche sehen und die Wurzeln aus dem Drainageloch im Topfboden herauskriechen, ist es höchste Zeit!

Topfen Sie Ihre Topfpflanzen möglichst nicht während der Blütezeit und/oder der Winterruhe um! Für die meisten Pflanzen ist das Frühjahr, also der Beginn der Wachstumsphase, die beste Umtopfzeit.

Wenn Sie eine Pflanze umtopfen, wählen Sie einen Topf, dessen Durchmesser nur um ein bis drei Zentimeter größer ist als der des alten Topfs. Wenn Sie eine Pflanze aus ihrem engen, alten Quartier in ein sehr viel geräumigeres umsiedeln, kommt sie leicht auf die Idee, alle Energie auf neue Wurzelbildung zu verschwenden und darüber das oberirdische Wachsen und Blühen zu vergessen.

Umsetzen beschert einer Pflanze so etwas wie einen Schock. In den Tagen danach ist die Pflanze empfindlicher als sonst. Sie braucht eine gewisse Eingewöhnungsphase, in der man sie mit besonderer Aufmerksamkeit behandeln und beobachten sollten.

Gebrauchte Topf-Erde gehört entsorgt und sollte nicht ein zweites Mal verwendet werden. Erstens könnte sie Krankheitskeime enthalten, zweitens ist sie vermutlich ausgelaugt und ohne frische Nährstoffe.

Umtopfen Schritt für Schritt

Schritt 1: Stülpen Sie die Pflanze über Kopf aus ihrem alten Topf in Ihre Hand. Umgreifen Sie dabei möglichst den ganzen Ballen, damit er nicht auseinander fallen kann. Wenn das doch passieren sollte: Keine Sorge! Sie füllen einfach mit frischer Erde auf. Achten Sie nur darauf, dass Sie nicht zu viele Wurzeln abreißen oder verletzen.

Zum Umtopfen von Kakteen ziehen Sie sich am besten dicke Lederhandschuhe an! Zusätzlich hilft es, wenn Sie Ihren Kaktus fürs Umtopfen dick in Zeitungspapier oder ein Handtuch einpacken und verschnüren. Große Kakteen topfen Sie am besten mit der Hilfe eines ebenfalls handschuhbewehrten Assistenz-Gärtners um!

Schritt 2: Feuchten Sie den Wurzelballen der Pflanze, die Sie einsetzen wollen, gut durch. Ist der Ballen sehr dicht verwurzelt, können Sie ihm ruhig ein einstündiges Wasserbad verpassen, bevor Sie ihn einsetzen.

Schritt 3: Der Wurzelballen gehört ein bisschen aufgelockert, damit sich die Wurzeln gut in der neuen Erde ausbreiten können. Dazu zupfen sie vorsichtig Wurzeln aus dem Ballen heraus und drücken mit den Fingern Öffnungen in die Ballenwand. Manchmal ist der Wurzelballen so dicht, dass Sie ein bisschen energischer vorgehen und ein wenig an den Wurzeln reißen müssen. Achten Sie jedoch darauf, sie so intakt wie möglich zu halten.

Schritt 4: Den Topf bereiten Sie so vor: Über die Drainage-Löcher am Topfboden legen sie je eine gewölbte Tonscherbe oder einen Stein. Das verhindert, dass die Löcher rasch von Erde verstopft werden. Im Idealfall kommt darüber noch eine ganze Drainageschicht. Dafür eignen sich Tonscherben, hohle Tonkugeln oder auch Steine. Je mehr Hohlräume durch die Drainageschicht entstehen, desto besser funktioniert das Durchsickern des überschüssigen Gießwassers.
Platzieren Sie Töpfe leicht erhöht auf Ziegel, Steine oder Holzblöckchen. Das verhindert zusätzlich, dass sich die Drainagelöcher im Topfboden verstopfen.

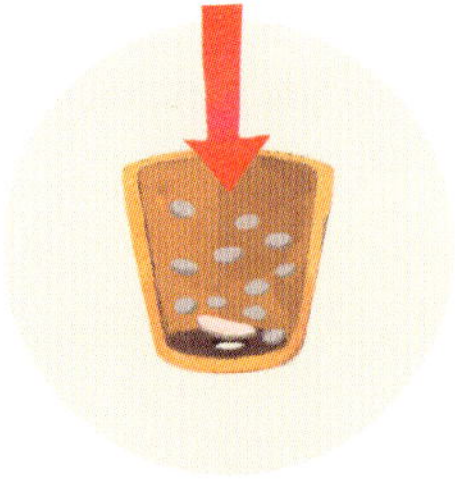

Schritt 5: Über die Drainageschicht schütten Sie Erde. Machen Sie den Topf halb voll, setzen Sie dann den Pflanzenballen so darauf, dass die Oberseite des Ballens etwa zwei Zentimeter unter dem Topfrand liegt. Danach füllen sie – ebenfalls bis zu dieser Höhe – rundherum mit Erde auf und drücken diese etwas fest.

Wenn Ihre Töpfe beim Bepflanzen bis zum Rand mit Erde füllen, haben Sie jedes Mal beim Gießen eine kleine Erd-Wasser-Überschwemmung.
Daher: Lassen Sie ein bisschen Spielraum. Üblich ist ein Fingerbreit Abstand zwischen Erde und Topfrand.

Schritt 6: Gießen Sie die Pflanze vorsichtig, aber ausgiebig an und stellen Sie sie nicht sofort in die pralle Sonne. Zum Eingewöhnen sind ein, zwei Tage im Schatten oder Halbschatten besser.

Pflegen

Gut gepflegt ist halb gewonnen: Hier kommt ein kleiner Grundkurs in Sachen Gießen, Düngen, Schneiden und Aufbinden. Außerdem erfahren Sie alles darüber, wie Sie Ihre Pflanzen heil über den Winter bringen und welche Pflege Sie Ihren Zimmerpflanzen angedeihen lassen sollten. Nicht vergessen: Auch der Gärtner selbst will gepflegt sein!

Gießen

Es ist zwar keine große Wissenschaft, aber Sie können beim Gießen trotzdem einiges falsch machen. Gießen Sie zum Beispiel niemals bei vollem Sonnenschein in der größten Mittagshitze – die Wassertropfen wirken dann auf den Blättern wie kleine Brenngläser.

Abendliches Gießen hingegen tut Ihren Pflanzen sehr gut. Der einzige kleine Einwand dagegen ist, dass die Feuchtigkeit, die über Nacht schlechter austrocknet als in der Sonne des Tages, den Schädlingsbefall begünstigt und Schnecken, Pilze und andere Feinde des Gärtners auf diese Art feucht-fröhliche Bedingungen für ihre gemeinen Umtriebe vorfinden. Die allerbeste Zeit fürs Gießen ist daher der Morgen. Des Gärtners Morgenstund‘ hat praktisch immer Gold im Mund.

Im Sommer kann es leicht vorkommen, dass Ihre Topfpflanzen zwei Mal täglich Wasser brauchen. Wann genau? Machen Sie sich darüber keine großen Gedanken: Ihre Pflanzen teilen Ihnen durch schlapp herunterhängende Blätter unmissverständlich mit, wann ihr Durst unerträglich wird. Besser ist es natürlich, wenn Sie ein bisschen Weitblick beweisen und schon gießen, bevor es so weit kommt.

Gießen Sie nicht von oben auf die Blätter. Die meisten Pflanzen können das nicht ausstehen, außerdem begünstigen die nassen Blätter Schädlinge. Besser ist es, wenn Sie unterhalb der Blätter direkt in die Erde gießen.

Gießen mit Gefühl

Das Gießen von Zimmerpflanzen braucht ein bisschen Augenmaß und Fingerspitzengefühl. Im wahrsten Sinn des Wortes: Damit Sie weder zu viel noch zu wenig gießen, empfiehlt es sich, wenn Sie mit dem Finger die Erde kontrollieren und nur dann gießen, wenn die Erde nicht mehr feucht ist. Gießen Sie eher häufig und wenig als seltener und dafür viel.

Weil es weniger spritzt, neigen Zimmergärtner dazu, ihre Pflanzen von unten – sprich über den Untersetzer – zu gießen. Tatsächlich ist es besser, Zimmerpflanzen von oben zu gießen, damit das Gießwasser durch die ganze Erde hindurch zu den Wurzeln gelangt. Wenn Sie stattdessen einfach Wasser in den Untersetzer füllen, kommen die Wurzeln zwar rasch zu Wasser, es besteht aber auch größere Gefahr, dass die Pflanze zu lange Zeit mit nassen Füßen herumsteht.

Die meisten Kakteen halten es gut einen Monat ohne Wasser aus. Gießen Sie erst wieder, wenn die Topferde Ihres Kaktus auch wirklich vollkommen durchgetrocknet ist. Im Winter können Sie zumeist ganz aufs Gießen verzichten.

Wasservorlieben

Kalt-warm-Wechsel schätzen Ihre Zimmerpflanzen gar nicht. Lassen Sie das Leitungswasser, mit dem Sie wässern, vor dem Gießen ein bisschen abstehen, damit es Zimmertemperatur annimmt. Wichtig ist außerdem der ph-Wert des Wassers. Ist das Wasser zu hart, reagieren viele Pflanzen auf Dauer empfindlich, weil sie ein leicht saures Milieu von ph-Werten zwischen 5,5 und 6,5 bevorzugen. Hartes Wasser enthält eine verhältnismäßig hohe Salzmenge, ist daher leicht alkalisch (ph-Werte über 7) und erhöht deshalb mit der Zeit den ph-Wert der Pflanzenerde.

Hartes Wasser lässt sich mit einer simplen, aber etwas zeitaufwendigen Methode weicher machen: Man füllt Torf in ein Stoffsäckchen und hängt dieses für mindestens 24 Stunden ins Gießwasser. Für zehn Liter Wasser reicht ein Liter Torf vollkommen aus. Torf ist leicht sauer und senkt daher den ph-Wert des Wassers. Noch einfacher geht es mit ein paar Spritzern Zitronensaft.

Regenwasser ist besonders weich und deshalb auch ein besonders feines Gießwasser für Pflanzen, die auf kalkhaltiges, hartes Wasser empfindlich reagieren.

Düngen

Die drei wichtigsten Nährstoffe, die Pflanzen brauchen, sind Stickstoff, Kalium und Phosphor. Manche brauchen mehr vom einen, machen mehr vom anderen. Jeder Dünger enthält die drei wichtigsten Pflanzen-Nährstoffe in unterschiedlichen Mischverhältnissen. Auf den Düngerpackungen finden Sie genauere Angaben dazu, für welche Pflanzen welcher Dünger geeignet ist.

In der Natur liefert das Erdreich den Wurzeln ausreichend Nachschub. Topfpflanzen haben es da schwerer, weil sie zur Gänze auf die im Verhältnis geringe Menge Erde im Topf angewiesen sind. Die Nährstoffe darin sind oft bereits nach ein paar Wochen verbraucht. Dieser Mangel macht Ihre Pflanzen schwächlich und krankheitsanfällig. Das ist der Grund, warum regelmäßiges Düngen für Topfpflanzen so besonders wichtig ist.

In der Wachstumsperiode und während der Blütezeit haben Zimmer- und Balkonpflanzen sogar einen erhöhten Bedarf an Nährstoffen. In dieser Zeit gehören sie alle zehn bis 14 Tage gedüngt. Am besten geht das mit Flüssigdünger, den sie einfach – laut Dosierungsangaben auf der Flasche – mit dem Gießwasser mischen.

Langzeitdünger

Langzeitdünger mischen Sie schon beim Einpflanzen unter die Topferde. Sie versorgen ihre Pflanzen auf drei bis vier Monate mit dem Nötigsten. Für Gemüse und Kräuter sind unter die Pflanzerde gemischte Hornspäne, die gute Stickstofflieferanten sind, ein idealer biologischer Langzeitdünger. Es gibt sie in jedem Gartenmarkt in kleinen Säcken zu kaufen. Bei Ihren Zierpflanzen legen Sie es natürlich mehr auf ein üppiges Blütenmeer an: Damit das einen ordentlichen Boost bekommt, verwenden Sie am besten Mineraldüngestäbchen oder -kügelchen, die Sie in die Erde stecken oder mischen. Sie wirken normalerweise bis zu sechs Monate.

Chemie oder Bio

Sie haben die Wahl: Wollen Sie organisch oder mineralisch düngen, anders ausgedrückt: biologisch oder mit Chemie? Das bleibt Ihnen überlassen. Am meisten bewährt hat sich eine Mischform.

Eine gute biologische Phosphorquelle ist Knochenmehl. Hornspäne liefern Stickstoff, Holzasche Kalium. Ein echter, bei uns allerdings nicht ganz leicht zu erhaltener Universaldünger ist Seetang, den es auch in Pulverform zu kaufen gibt.

Abgesehen davon wirft Ihr Haushalt eine überraschend große Zahl an Abfallprodukten ab, die Sie bestens als biologischen Dünger recyceln können:

Als Gießwasser spendet ausgekühlter Sud von gekochten Kartoffeln Topfpflanzen neue Stärke – die Kartoffelstärke wirkt wie ein Dünger. Holzkohle aus Kachelöfen ist ein guter Naturdünger, vor allem für Pflanzen, die viel Kalium brauchen. Dazu gehören zum

Beispiel alle Lauchgewächse – von Schnittlauch und Stangenlauch bis zu allen großblütigen Zierlaucharten. Teeblätter-Sud ist ein guter Dünger für Kamelien, die ja zur Familie der Teepflanzen gehören. Kaffeesatz tut Rhododendren, Rosen und Geranien gut. Eierschalen sind gute Kalkspender: Alle Pflanzen, die kalkhaltige Böden schätzen (z.B. Rose, Buchs, Zinnie, Lavendel, Clematis, Petersilie, Sommerflieder, Aster, Erdbeere), freuen sich deshalb über die zerbröselten Überreste Ihres Sonntags-Frühstückseis.

Wenn Sie wollen, können Sie sogar Ihre Mani- und Pediküre zum gärtnerisch relevanten Ereignis umdeuten: Vollblutgärtner schneiden sich nämlich nicht einmal ihre Finger- und Zehennägel ohne ans Wohl ihrer Pflanzen zu denken. Abgeschnittene Nägel sind ein guter Langzeit-Hornspan-Dünger für Blumen und Sträucher. Einfach drüberstreuen und ein bisschen in die Erde einarbeiten.

Überdüngen

Eine kleine Warnung an Übereifrige: Was das Düngen anlangt, kann man des Guten zu viel tun. Überdüngt man seine Balkon- und Zimmerpflanzen, schießen sie zwar hemmungslos in die Höhe, lassen darüber aber nicht selten das Blühen aus. Halten Sie sich an die Dosierungen, die auf den handelsüblichen Düngern angegeben sind.

Tragbarer Kompost

Selbstgemachter Dünger auf Balkonen und Terrassen? Kein Problem! Auch das ist möglich. Sie nehmen einfach einen gewöhnlichen Müllsack, füllen ihn mit Blattlaub, gut zerkleinerten Pflanzenteilen, Rasenschnitt und Biomüll aus der Küche, feuchten das Gemisch gut an, mischen etwas Urgesteinsmehl aus dem Gartencenter darunter, sorgen dafür, dass regelmäßig Luft dazu kommt und haben nach drei bis vier Monaten einen ziemlich guten Kompostdünger.

Schneiden, Stützen, Aufbinden

Wenn Sie Ihre Pflanzen zurückschneiden, ein bisschen trimmen, ihnen die welken Blüten abzwicken oder sie aufbinden, damit sie ordentlich ranken und blühen können, dann entspricht das der botanischen Variante von Körperpflege.

Kleine Schnittschule

Ein Rückschnitt verjüngt Sträucher und lässt sie buschiger wachsen. Das gilt auch für Ihre Sträucher in Töpfen und Trögen, etwa für Rosen, Clematis, Zwergflieder, Schmetterlingsstrauch oder Schneeball-Hortensie. Auch wenn sich die genauen Zeitpunkte für den Rückschnitt von Sorte zu Sorte unterscheiden, gibt es doch ein paar generell gültige Regeln, an die Sie sich halten sollten.

Sträuchern, die wie die intensiv gelbblütige Forsythie im Frühjahr blühen, verpassen Sie am besten gleich nach der Blüte einen heftigen Rückschnitt, wobei Sie schwache, dünne Triebe und abgestorbenes, vertrocknetes Astwerk entfernen.

Die **Sommerblüher** unter den Sträuchern stutzen Sie im März oder April – idealerweise bevor sie voll austreiben und nachdem scharfe Spätfröste die Schnittwunden am Heilen hindern können.

Rosen können Sie prinzipiell rund ums Jahr schneiden, wenn es notwendig ist. Ein regelmäßiger Saisonschnitt hält sie gesund und formschön. Rosen gehören nach der Blüte um ein Drittel zurück geschnitten. Dadurch verzweigen sie sich neu und entwickeln mehr Knospen.

Ein starker Rückschnitt, der nur wenige Knospen am Strauch belässt, fördert wenige, dafür aber längere und stärkere Triebe. Leichter Rückschnitt sorgt für zahlreiche, aber dafür deutlich kürzere und schwächere Neutriebe. Schneiden Sie – dieser Erkenntnis folgend – starke Rosentriebe schwach, schwache kräftig zurück.

Wichtig ist in jedem Fall trockenes Wetter, scharf geschliffenes Schneidgerät, das exakte und saubere Schnittstellen erzeugt, und ein wenig Wissen um die richtige Technik. Bei Trieben bis zu einem Zentimeter Durchmesser verwenden Sie eine Gartenschere, bis zu 2,5 Zentimetern eine Heckenschere und für dickere Äste eine Baumsäge. Der richtige Schnitt setzt etwas über einem Triebansatz an und verläuft schräg (niemals waagrecht), so dass die Schnittfläche vom Triebansatz weg zeigt. Unsaubere Schnitte führen leichter zu Infektionen, weil die Triebe dabei häufig gequetscht oder anderweitig verletzt werden. Ist der Schnittwinkel falsch, rinnt das Regenwasser in den Triebansatz hinein; setzt der Schnitt zu hoch über der Triebknospe an, besteht die Gefahr des Absterbens.

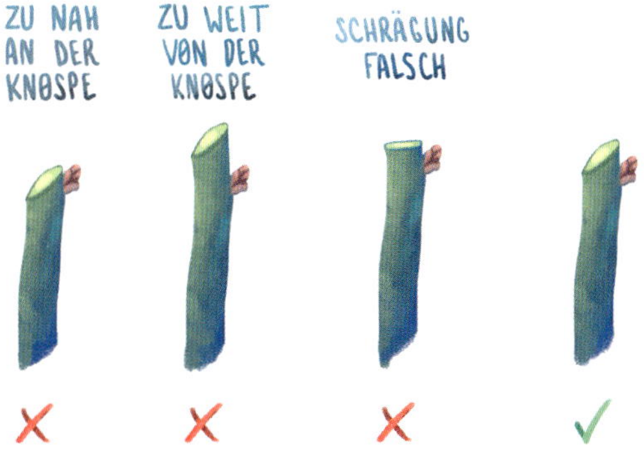

Aufbinden

Kletterpflanzen brauchen Stäbe oder Rankgitter, an denen sie in die Höhe wachsen können. Auch großwüchsige Blumen wie Lilien oder Sonnenblumen sollten Sie ein bisschen abstützen, damit nicht ein einziger starker Windstoß ihre Blüten oder Stängel knickt. Als Stützen eignen sich Bambusstäbe gut, aber auch Haselnussstecken, Weiden- oder Birkenruten. Die Ruten sind verhältnismäßig biegsam – um sie in stabile Rankgerüste für Töpfe zu verwandeln, gehen Sie so vor: Nehmen Sie drei Ruten, stecken Sie sie an den Eckpunkten eines gedachten Dreiecks in den Topf und binden Sie sie oben zusammen. Das Rutenzelt ist zum Beispiel ein gutes Rankgerüst für einjährige Sommerblüher wie Duftwicken und Trichterwinden, aber auch für Kletterpflanzen wie Geißblatt oder Clematis. Die Pflanzen können die Ruten entlang nach oben wachsen. Wenn sie nicht so wollen wie Sie – sondern zum Beispiel eigensinnig alle auf einer einzigen Rute hinaufklettern –, lösen Sie sie vorsichtig aus ihrer gegenseitigen Umschlingung und führen Sie sie auf die gewünschten Ruten, indem Sie sie anbinden.

Aber Achtung: Wenn Sie Ihre Pflanzen lieben, rücken Sie ihnen ja nicht mit fest gezurrten Drahtschleifen zu Leibe. Wenn die Pflanze wächst und ihr Stängel dicker wird, schneidet ihr der Draht ins Fleisch und kann sie verletzen. Weichstängelige Pflanzen binden Sie deshalb besser mit weichem Bast (gut sind auch Streifen von Nylonstrümpfen!) an den Stützstäben auf. Das Zauberwort dabei lautet: Achterschleife: Sie nehmen ein Stück Bast, legen es um die Rückseite des Stabs, kreuzen es an der Vorderseite, führen es dann um den Pflanzenstängel herum und binden mit einer Masche hinten zu. Dazwischen lassen Sie einen guten Zentimeter Spielraum. Ihre Pflanze wird es Ihnen danken!

Die schönsten einjährigen Kletterpflanzen sind Trichterwinde, gefiederte Sternwinde, rankende Kapuzinerkresse, Schwarzäugige Susanne, Purpurglocke, Duftwicke, Goldrebe, Feuerbohne.

Kleine Handgriffe für Zwischendurch

Blütenrausch

Ein unaufwändiger Trick, die Blühfreudigkeit Ihrer Pflanzen zu verlängern, besteht darin, ihnen regelmäßig die welken, abgeblühten Blüten abzuschneiden. Wieso? Das Abzwicken der alten fördert die Entwicklung neuer Blüten. Lassen Sie die welken Blüten dran, investiert die Pflanze viel Energie in die Entwicklung von Samen und Fruchtständen. Blütenpflanzen, die sehr vom Abzwicken ihrer welken Blüten profitieren, sind zum Beispiel Begonien, Dahlien, Zinnien, Löwenmäulchen, Margeritenbäumchen, Verbenien, Petunien und alle Pelargonienarten.

Unkraut jäten

Wehret den Anfängen! Solange Unkräuter noch klein sind, lassen sie sich ganz leicht mit der Hand ausrupfen. Eine wöchentliche Unkraut-Patrouille reicht völlig aus. Sie zupfen da und dort ein bisschen und die Sache ist erledigt. Bleibt die Frage: Was ist ein Unkraut und was nicht?

Prinzipiell gilt: Alles, was zu wild wuchert und Ihren Pflanzen den Platz im Topf streitig macht, gehört raus. Sie lockern einfach mit einer Handkralle die Topferde ein bisschen auf und ziehen die Unkräuter mitsamt Wurzel heraus. Wenn Sie ein Zuwandererpflänzchen sehen, das Ihnen viel versprechend aussieht, von dem Sie aber noch nicht wissen, was es wird, dann schlafen Sie einfach drüber und halten es unter Beobachtung.

Zimmerpflanzen: Warmluft, Zugluft, Standortveränderung

Heizen Sie Ihren Zimmerpflanzen nicht von unten ein. Sie goutieren es nicht, direkt über einem Heizkörper zu stehen.

Die meisten Zimmerpflanzen reagieren außerdem äußerst empfindlich auf Zugluft. Wenn Sie Pflanzen aufs Fensterbrett stellen wollen, sollten es besser Fenster sein, die Sie nicht regelmäßig aufmachen möchten – schon gar nicht bei Minustemperaturen.

Topfpflanzen haben in der Regel eine unflexible Hausmeister-Mentalität und sind – wenn sie sich einmal irgendwo wohl fühlen – Veränderungen äußerst abgeneigt. Hat sich eine Topfpflanze einmal an ihren Standort gewöhnt, ist es riskant, sie woanders hinzustellen. Gerade Zimmerpflanzen reagieren mitunter ziemlich verschnupft auf Standortwechsel. Wenn es also nicht unbedingt nötig ist, lassen Sie sie an ihrem angestammten Platz.

Wendiger Wuchs: Draußen wie drinnen wachsen Pflanzen immer in Richtung ihrer Lichtquelle. Diese Eigenschaft heißt Lichtwendigkeit oder Phototropismus. Auf eine Veränderung des Lichteinfalls reagieren einige Pflanzen besonders empfindlich: Weihnachtskakteen, Kamelien oder Wachsblumen rächen Standortveränderungen während ihrer Entwicklungsphase mit sofortigem Knospenabwurf – dazu reicht es manchmal schon, wenn nur der Topf gedreht wird. In diesem Fall: Mit einem Stift die Seite des Topfes markieren, die dem Licht zugewandt ist.

Wind & Wetter

Auf Terrassen und Balkonen ist es oft sehr windig. Bis Setzlinge und junge Pflanzen kräftig genug sind, sollten Sie sie in Töpfen vor starkem Wind schützen. Am leichtesten geht das mit einem Glas- oder Plastik-Sturz, den Sie einfach über die Pflanze stülpen und immer wieder lüften. Gut eignen sich dafür auch mit Luftlöchern versehene Plastikflaschen, denen Sie den Flaschenboden abgeschnitten haben.

Starker Wind setzt vor allem im Winter den Pflanzen sehr zu – auch und gerade den frostharten, die Sie

draußen lassen können. Besonders gefährdet sind immergrüne Pflanzen. Sie verlieren ständig Flüssigkeit und es passiert leicht, dass auch völlig winterharte Pflanzen verdorren, weil der Winterwind sie ausgetrocknet hat. Wenn dazu die Topferde noch anfriert, haben die Pflanzen gar keine Möglichkeit mehr, an Wasser zu kommen. Das beste Gegenmittel klingt skurril, funktioniert aber bestens: Sie besprühen die Pflanzen bei sehr kaltem, trockenem Wetter mit Wasser. Es friert und bildet eine Schutzschicht um das Blattlaub. Auf diese Weise kann es der Wind nicht austrocknen. Derselbe Trick funktioniert auch, wenn Sie im Frühling frische Blatt- und Blütenknospen vor angekündigten späten Frösten schützen möchten.
Windschattige Standorte sind also für Topfgewächse insgesamt besser. Manchmal müssen Sie mit Windbrechern ein bisschen nachhelfen. Flechtzäune oder entlang des Balkongeländers befestigte Segeltuchbahnen helfen, die Wucht des Luftzugs zu mildern.

Merke: Ein Windbrecher soll den Wind nicht vollkommen abhalten, sondern nur abbremsen und entschleunigen. Wenn Sie dem Wind eine undurchdringliche Barriere entgegenstellen, sucht er sich einen anderen Weg, fährt die Abschirmung entlang nach oben und fällt womöglich von dort als aggressiver Fallwind erst recht wieder über Ihre Pflanzen her.

Sonnenbad

Keiner sitzt gerne den ganzen Tag ungeschützt in der prallen Sonne. Das gilt auch für Ihre Pflanzen. Am liebsten sind ihnen Standorte, die ihnen zumindest einige Tagesstunden über Schatten oder Halbschatten bieten.

Auch für Zimmerpflanzen gilt: Wer glaubt, dass südseitig gelegene Fenster der ideale Platz sind, irrt. Außer der längsten Tageslichtdauer und großer Lichtmenge bietet diese Lage nur Nachteile: Sogar Kakteen muss man in Südfenstern durch Beschattung vor der vollen Sonneneinstrahlung schützen, weil sich die Fensterscheiben so stark aufheizen. Die Lufttrockenheit wird schnell zu hoch, durch Gießfehler können Blätter in der Hitze verbrennen und Pflanzenballen in den Töpfen sehr leicht austrocknen. Wenn Sie nur sonnenseitige Fenster haben, lassen Sie einfach während der heißesten Stunden des Tages die Jalousie runter.

Anti-Frost-Technik

Obwohl viele Pflanzen winterhart sind, müssen sie trotzdem nach drinnen übersiedelt werden. Sie können die Töpfe im Winter draußen lassen, wenn Sie sie so in einen großen, mit Sand gefüllten zweiten Topf stecken, dass nur mehr ein, zwei Zentimeter des oberen Topfrandes herausschauen. Der Sand verhindert das Durchfrieren der Erde. Die Frostgefahr wird weiterhin minimiert, wenn Sie die Töpfe möglichst nah an die Hauswand, idealerweise sonnseitig, rücken. Das funktioniert zum Beispiel sehr gut bei Aurikeln oder Duftpelargonien.

Winterquartier

Nicht winterharte Topfpflanzen müssen auf jeden Fall nach drinnen gebracht werden, und zwar vor dem ersten Frost. Sie bringen sie am besten an einem trockenen Herbsttag in ihr Winterquartier. Sind Ihre Töpfe nämlich triefend nass, kann es Ihnen passieren, dass sie drinnen nicht ordentlich durchtrocknen und sich – aus Mangel an frischer Luft – Fäulnis und Schimmel bildet. Das gilt vor allem für Exoten wie Yucca-Palmen, Agaven, Kakteen oder Bromelien.

Als Faustregel fürs Überwintern von Terrassen- und Balkonpflanzen gilt: Die besten Plätze sind hell, kühl und ohne direkte Sonneneinstrahlung. Das finden Pflanzen kuschelig.

Die langen, ausgeschossenen Triebe, die Topfpflanzen häufig im Winterquartier anlegen, sind ein Hinweis auf Lichtmangel. Wenn Sie die Pflanze im späten Frühjahr wieder hinausstellen, sollten Sie diese Triebe stutzen.

Auch Kakteen, die im Sommer draußen gar nicht genug Sonne und Hitze bekommen können, bevorzugen in ihren Winterquartieren in der Wohnung ungeheizte Räume. Nach wie vor brauchen sie aber viel Licht. Dasselbe gilt für die Blattkakteen, zu denen auch Weihnachts- oder Osterkaktus gehören.

Frühlingszwiebelpflanzen für das Winterfensterbrett: Tulpen, Krokus, Mini-Iris, Frühlingsknotenblume, Blaustern, Hyazinthe, Schneeglöckchen, Zyklame, Traubenhyazinthe, Mini-Narzisse.

Pflege des Gärtnernden

Ihre Pflanzen wollen gepflegt sein, Sie selbst aber auch. Das ganze Robben, Kriechen, Bücken und Schleppen, zu dem Ihre gärtnerischen Pflichten Sie ständig verführen, kann sich – auch wenn Sie es gern und aus freien Stücken tun – über Jahre zu bösen Schmerzen in der Wirbelsäule addieren. Das muss ja wirklich nicht sein. Bevor es so weit kommt, ein paar kleine Ratschläge zur Rückenschonung und Gärtner-Pflege.

Topf-Transport

Kreuzschonend erledigt man das Umquartieren von schweren Pflanzgefäßen mit einem Kübelroller oder einer Sackkarre. Einfach den Topf schräg kippen und die Sackkarre darunter schieben. Dann müssen Sie das schwere Ding gar nicht erst hochheben. Eine billige und überraschend nützliche Transporthilfe für schwere Töpfe ist dicke, stabile Gartenfolie (oder ein billiger Flicken- oder ausgedienter Teppich). Sie schieben sie unter den gekippten Topf und ziehen die Folie mitsamt Topf von A nach B.

In die Knie!

Wenn's wirklich nicht anders geht und Sie selber einen schweren Topf, einen Sack Blumenerde oder Biomüll schleppen müssen: Heben und reißen Sie das Gewicht nie direkt aus dem Rücken. Gehen Sie in die Hocke und heben Sie aus den Beinen. Wichtig ist auch, dass Sie gleichzeitiges Vorbeugen, Rumpfdrehen und Heben vermeiden.

Probleme

Die Devise lautet: Know your enemy! Und bewahren Sie einen kühlen Kopf: Für jedes gärtnerische Problem gibt es eine Lösung – hier erfahren Sie, wie's geht: von Schädlingsabwehr bis Urlaubs-Gießmanagement.

Schädlinge und Pflanzenkrankheiten

Vorbeugen ist alles

Lausinvasion, Rüsselkäferangriff, Schneckenplage, Pilzbefall. Als umsichtiger Schutzengel Ihrer Pflanzen sollten Sie sich klar machen, dass Schädlinge zwar lästig, aber keine vom Himmel gesandte, schicksalshafte Plage darstellen. Sie tauchen auf, wenn es einer Pflanze nicht allzu gut geht. Je gesünder eine Pflanze, desto geringer ist ihre Anfälligkeit für Krankheiten und Schädlinge. Insofern ist die beste Schädlingsbekämpfungsmethode die Vorbeugung – und das bedeutet, mit und nicht gegen die Natur zu arbeiten.

In Ihrem Kampf gegen Schädlinge sind Sie zum Glück nicht allein. Denn da sind ja auch noch die Nützlinge: Marienkäfer, Ohrwürmer, Schlupfwespen, Schwebfliegen, Florfliegen, Raubmilben und, ja, Spinnen. Auch wenn es manche nicht gerne hören: Spinnen sind die Freunde des Gärtners. Denn sie fressen Schädlinge. Daher entwickeln Pflanzen, die von Spinnen besucht werden, mehr Samen und Knospen als solche ohne Spinnen.

Bienen, die die Pflanzen bestäuben, können Sie anlocken, indem Sie am besten weiße, blaue, gelbe und purpurrote Blütenpflanzen kaufen, weil diese Insekten ultraviolette Farbtöne besonders attraktiv finden. Dasselbe gilt für Schmetterlinge. Magisch angezogen fühlen sich die Brummer und Flatterer von blühendem Lavendel, Salbei, Thymian, Rosmarin, Basilikum oder Borretsch und von Taubnesseln, Phlox, Lobelien, Geißblatt, Fingerhut und Glockenblume. Wenn Sie Platz für einen Strauch haben: Der Schmetterlingsstrauch oder Sommerflieder (Buddleja) mit seinen dichten rosa, weißen oder lila Blütenrispen trägt seinen Namen nicht umsonst.

Schädlinge gehen üblicherweise Pflanzen mit behaarten oder stark duftenden Blättern (z.B. Duftpelargonien) aus dem Weg. Solche haarigen Dufter strategisch klug über Terrasse oder Balkon verteilt, kann dem Ärger mit Schädlingen vorbeugen. Trotz aller Prävention werden Sie immer wieder einmal einen Schädlingsangriff zurückzuschlagen haben. Kämpfen Sie mit biologisch abbaubaren Waffen, das heißt: Kaufen Sie biologische Schädlingsbekämpfungsmittel. Schon um der Nützlinge willen. Bei Zimmerpflanzen sollten Sie auf den Einsatz von Gift zur Schädlingsbekämpfung verzichten. Schließlich atmen Sie selbst alles ein, was Sie in Ihrer Wohnung herumsprühen.

Nützlinge per Post

Nützlinge für den Anti-Schädlingseinsatz können Sie übrigens auch käuflich erwerben und sich per Post zuschicken lassen. Wenn Sie zum Beispiel eine Lausinvasion auf einer Ihrer Kletterrosen haben, bestellen Sie einfach 100 Larven der Florfliege, die fein säuberlich in schutzvliesverklebten Kartonwaben geliefert werden, aus denen Sie sie direkt über die verlauste Pflanze streuen. Die Nützlingslarven fressen die Läuse – und zwar gleich hunderte innerhalb von zwei, drei Wochen. Wenn die Lausplage vorbei ist, entwickeln sich die Larven zu Florfliegen und fliegen davon. Florfliegenlarven fressen keine Pflanzenteile.

Blatt- und Schildläuse

So klein sie sind: Sie kommen gern in großen Horden und tragen verschiedenfärbige Gewänder: schwarz, grün, grau, gelb. Die Schildläuse tragen kämpferisch braune Panzer. Die Blätter der befallenen Pflanzen bekommen gelbe Flecken, verkrüppeln und kräuseln sich, die Knospen verkümmern. Die Stiele starren vor Lauskolonien. Erste biologisch äußerst wertvolle Abwehr: Ziehen Sie sich Handschuhe an, streifen Sie die Läuse ab und zerdrücken Sie sie. Gegen Schildläuse, die sich hartnäckiger anklammern als Blattläuse und sich besonders in winterlich überheizten Räumen pudelwohl fühlen, dienen in Spiritus getränkte Wattestäbchen als ideale Abstreif-Waffen. Jeden Tag einmal. Wenn das nicht hilft, schneiden Sie die befallenen Triebspitzen ab. Bei geringem Befall kann das oft mehr bewirken als eine Giftattacke.

Die gute Nachricht: Selbst eine über und über verlauste Pflanze ist nicht dem Untergang geweiht. Sie müssen sie weder sofort wegwerfen noch ratzeputz zurückschneiden.

Stattdessen hilft ziemlich verlässlich eine biologisch abbaubare Anti-Laus-Dusche mit Schmierseife, Wermut, abgekühltem Kartoffel-Kochwasser oder Rapsöl. Läuse fürchten diese simplen Wundermittelchen wie der Teufel das Weihwasser

Hier zwei Rezepturen

Ein großer Löffel parfumfreie Schmierseife in einem warmen Liter Wasser auflösen, in eine Sprühflasche füllen und die verlauste Pflanze von oben bis unten einsprühen. Gegen Schildläuse mischen Sie noch einen Löffel Spiritus darunter. Lassen Sie das Anti-Laus-Shampoo über Nacht einwirken und spülen Sie es danach gut mit warmem Wasser ab.

Überbrühen Sie 50 g **Wermutkraut** mit kochendem Wasser. Lassen Sie den Sud ein bisschen ziehen, verdünnen Sie ihn mit 10 Litern Wasser und besprühen Sie damit Ihre Laus-Kandidaten. Nach einigen Tagen wiederholen Sie die Prozedur.

Ein paar zusätzliche Tricks im Kampf Mensch gegen Laus! Fenchelsamen-Abwehr: Verstreuen Sie Fenchelsamen in Töpfen und Beeten. Ihr eigenwilliger Geruch lockt Schwebfliegen an, die Jagd auf Blattläuse machen. Kräuter-Offensive: Dasselbe gilt für Dill, Fenchel, Kerbel und Lavendel als Kräuter- und Duftpflanzen. Die Schwebfliege fühlt sich von ihren Doldenblüten angezogen. Stellt man einen solchen Kräutertopf in die Nähe von blattlausgefährdeten Pflanzen wie Rosen oder Oleander, lässt sich die Gefahr gut in Schach halten.

Ameisen

Aus gärtnerischer Sicht ist die Ameise eindeutig böser als ihr Ruf. Und zwar besonders für Topfpflanzen, die sowieso nur begrenzte Expansionsmöglichkeiten haben: Ameisen bedecken oberirdische Pflanzenteile mit ihren Erdhaufen, nagen junge Wurzeln an und unterhöhlen sie. Dadurch schwächen sie die Pflanzen und trocknen sie aus. Außerdem kümmern sie sich auch noch rührend um die Blattlauspflege: Den süßen Honigtau, den die Läuse ausscheiden, melken die Ameisen ab und verfüttern ihn an ihre Brut. Das animiert erstens die Blattläuse dazu, noch wilder an den Blättern Ihrer Pflanzen zu saugen, und zweitens verteilen die Ameisen die Läuse auch reihum auf nicht befallene Pflanzen. Diese unheilige Allianz zwischen Laus und Ameise ist ganz sicher nicht in Gärtners Sinne.

Abschreckende Wirkung auf Ameisen haben Lavendel, Thymian, Majoran und der herbe Geruch von Tomatenblättern. Wenn sie allerdings schon einmal da sind, kann man sie mit diesen Kräutern höchstens von Topf A nach Topf B vertreiben. Den Balkon verlassen sie deswegen noch lange nicht freiwillig.

Wenn Sie nicht vor drastischen Methoden zurückschrecken, können Sie eine ganze Ameisen-Kolonie mit kochendem Wasser überbrühen. Appetitlicher ist eine andere Technik: Sie stülpen einen leeren Blumentopf aus Ton über das Ameisennest und warten ein paar Tage ab. Die fleißigen Ameisen werden den Topf, der sich in der Sonne kuschelig erwärmt, bald als neuen Bau einrichten, mit Erde füllen und Eier und Königin dorthin übersiedeln. Wenn es soweit ist, schieben Sie vorsichtig einen Spaten unter den Topf, heben ihn mitsamt der neuen Ameisenkolonie in einen großen Sack und bringen ihn – gut zugebunden, denn Sie wollen keine Ameiseninvasion in Ihrem Auto! – an einen Waldrand zur großen Befreiungsaktion. Ameisen lassen sich auch mit in die Eingänge zu ihrem Nest ausgestreutem Backpulver vertreiben.

Als Raumduft und Wäscheduft wirkt Lavendel, in kleine Baumwollsäckchen verpackt, auch gegen Motten.

Spinnmilbe

Spinnmilben sehen – wie der Name schon sagt – wie winzige, weißlich grüne Spinnentiere aus. Sie sind so klein, dass man sie meist erst dann wahrnimmt, wenn feine Gespinste die Pflanze überziehen. Sie vergreifen sich gleichermaßen an Garten-, Gemüse- und Zimmerpflanzen, indem sie sich an der Blattunterseite ansaugen und dort seltsame, feine Gespinste weben. Die Blätter bekommen erst helle Sprenkel, später vergilben und vertrocknen sie. Die Spinnmilbe liebt es trocken und taucht deshalb besonders häufig in stark geheizten Räumen auf.

Gegen Spinnmilben können Sie dieselben Methoden einsetzen wie gegen Blattläuse: Abstreifen und/oder mit Spiritus-Schmierseifen-Lösungen einsprühen. Vorbeugend regelmäßig Pflanzen mit Wasser besprühen.

Schnecken

Schnecken? Ja, auch auf Dachterrassen und Balkonen gibt es Schnecken, wenn auch um vieles seltener als im Garten. Schnecken, vor allem Nacktschnecken, sind wie marodierende Horden, die eine Spur der Verwüstung hinterlassen: Abfressen, abfressen, abfressen ist ihre Devise. Sie lieben Funkien genauso wie Salat, Zinnien genauso wie Mangold. Ihre Gefräßigkeit ist gewaltig.

Sie mögen sie hassen, aber Sie müssen nicht zum brutalsten aller Mittel greifen, um sie loszuwerden, nämlich zum Schneckentod durch Bestreuen mit Salz. Das ist unnötig qualvoll. Sammeln Sie die schleimigen Vielfraße ein – die beste Zeit dafür ist nachts oder am frühen Morgen – und übergießen Sie sie mit kochendem Wasser. Hartgesottenere können Sie auch einfach mit der Schere in der Mitte durchschneiden. Danach kommen die Schneckenreste in den Biomüll.

Dickmaulrüssler

Dickmaulrüssler sind blauschwarze, eiförmige Käfer mit rüsselartigem Maul, die nächtens halbkreisförmige Löcher in Blätter und Blüten fressen. Hier hilft zunächst nur Fingereinsatz: Sie müssen die Dickmaulrüssler nachts mit der Taschenlampe aufspüren, händisch absammeln und durch Zerdrücken zur Strecke bringen. Ein Problem bleiben dann allerdings weiterhin die Eier, die der Dickmaulrüssler in der Erde ablegt, und die daraus schlüpfenden Larven, die in der Erde leben und die Wurzel anfressen. Hier hilft nur der Nützlingseinsatz: so genannten Nematoden (Fadenwürmer), die sowohl den Käfereiern als auch den Larven im Boden ein Ende setzen und im Fachhandel erhältlich sind.

Mehltau

Echter Mehltau ist leicht zu erkennen: Auf den befallenen Blättern erscheinen weiße, pulvrige Sprenkel oder Flecken. Mehltau ist eine Pilzkrankheit, die Blätter mit der Zeit absterben lässt. Besonders häufig befällt Mehltau Begonien, Rosen oder Phlox. Wenn es soweit ist, sollten Sie nicht lange abwarten, sondern sofort etwas unternehmen: Entfernen Sie die kranken Blätter und entsorgen sie diese. Keine Bange: Mehltaupilze können nur auf lebenden Blättern existieren, daher ist es kein Problem, wenn Sie die entfernten Pflanzenteile einfach in den Hausmüll werfen.

Zum Schutz gegen Mehltau gibt es eine ganze Reihe von Fungiziden, die Sie in jedem Gartencenter bekommen. Gut hilft auch Schachtelhalm-Brühe; wenn auch nur für den Fall, dass Sie einmal gerade im Wald an Schachtelhalmen vorbeigehen und gleichzeitig an den Mehltau ihrer Balkonpflanzen denken ...

Auch gegen andere Pilzerkrankungen wie Rost, Kohlhernie oder Grauschimmel gehen Sie mit speziellen Pilzspritzmitteln vor. Am besten hilft aber gerade hier Vorbeugen: Pilze brauchen Feuchtigkeit, um sich entwickeln zu können. Wenn Sie nicht abends und nicht auf die Blätter Ihrer Pflanzen gießen, haben Pilze zum Beispiel schon nur mehr die halbe Chance.

Katzen und Vögel

Sie können Gift darauf nehmen, dass es das Ziel Ihrer eigenen oder der dicken Katze von der Nachbarterrasse ist, Ihre Beete und Tröge in ein einziges großes Katzenklo zu verwandeln. Katzen sind so. Katzen haben immer ein paar Lieblingsorte, die sie regelmäßig zu einem Klogang aufsuchen.

Hier hilft eine garantiert biologische Abwehrmethode: Stecken Sie kreuz und quer – möglichst schief, durcheinander und dicht – Bambusstäbe von circa 20 Zentimetern Länge in die Erde. Die Katze findet so keinen Platz mehr für eine weitere Wiederholungstat. Sie können ihr den Tag noch zusätzlich vermiesen, wenn Sie die Erde mit Nelkenöl besprühen. Den Geruch können Katzen auf den Tod nicht leiden.

Manchmal haben Katzen aus schleierhaften Gründen an einer bestimmten Topfpflanze einen Narren gefressen und nagen sie immer wieder an. Auch hier hilft das Besprühen der bedrängten Pflanze mit Nelkenöl.

Hier hilft auch die Verpiss-dich-Pflanze, eine Züchtung des schwäbischen Gärtners Dieter Stegmeier, die seit 2001 Furore macht. Mit dem Geruch der kleinwüchsigen Nesselpflanze, die ein bisschen aussieht wie rundblättrige Pfefferminze, können Sie in einem Umkreis von vier Metern Hunde, Katzen und Kaninchen verscheuchen. Menschen irritiert der Geruch kaum.

Sie wollen zwar gerne Vögel im Garten zwitschern hören und Sie wissen, dass sie gute Schädlingsvertilger sind, gleichzeitig geht es Ihnen auf die Nerven, dass die Spatzen Ihre frisch gesäten Samen aus den Töpfen picken, kaum dass Sie ihnen den Rücken gekehrt haben? Kein Problem: Decken Sie frisch gesäte Töpfe und Tröge einfach mit einem Gartenvlies ab, bis die Sämlinge ein, zwei Zentimeter groß sind.

Tauben hingegen sind ein schwieriger zu bewältigendes Problem. Wenn sie sich einmal eingenistet haben, kommen sie immer wieder – und kacken alles voll. Fragen Sie einen Profi von einer Gebäudereinigungs- und Taubenabwehrfirma, was in Ihrem Fall zu tun ist. Alleine kommen Sie da in der Regel nicht weiter.

Urlaub

In dem Moment, in dem Sie unter die Gärtner gehen, bekommt das Thema Reisen einen leicht sauren Beigeschmack. „Drei Wochen Urlaub zur falschen Zeit – und die ganze Pracht ist dahin“, lautet ein Satz des deutschen Gartenschriftstellers Jürgen Dahl. So dramatisch muss es natürlich nicht werden. Mit ein bisschen Voraussicht umschiffen Sie die Horrorvision, dass Ihre Pflanzen in Ihrer Abwesenheit zu einem grausigen Tod durch Verdursten verurteilt sind.

Langes Wochenende

Wenn Sie nur für zwei, drei Tage wegfahren und nicht gerade die Hitzewelle des Jahrhunderts herrscht, sind mit Wasser gefüllte Wein- oder Saftflaschen, die Sie verkehrt

herum in Ihre Blumentöpfe stecken, ein gutes automatisches Bewässerungssystem. Nach und nach geben sie Wasser ab und versorgen Ihre Pflanze ausreichend.

Noch besser sind Profi-Wasserspender für Einzeltöpfe. Über einen dünnen Schlauch saugt ein Tonkegel, den Sie in die Topferde stecken, nach Bedarf Wasser aus einem beliebigen, daneben gestellten Gefäß an. Wenn Sie viele Töpfe zu bewässern haben, geht dieses System allerdings ziemlich ins Geld – einmal abgesehen davon, dass Sie genug Platz brauchen, um neben jedem Topf ein Wassergefäß aufzustellen.

Lange Urlaube

Unglaublich, aber wahr: Sie können Ihre Pflanzen bis zu drei Wochen sich selbst überlassen. Die Vorkehrungen ersetzen zwar die regelmäßige Pflege nicht hundertprozentig, und es kann natürlich etwas schief gehen, aber in der Regel funktioniert es gut.

Sie stellen eine Plastikwanne an einen sonnengeschützten Platz – entweder auf dem Balkon oder im Badezimmer (unbedingt mit Tageslicht!). Den Boden der Wanne bedecken Sie mit einer fünf bis acht Zentimeter dicken Schicht aus Tonscherben oder Tonkugeln und füllen diese Schicht mit Wasser auf, in das Sie Flüssigdünger gemischt haben. Oben drauf stellen Sie Ihre Blumentöpfe. Durch die Löcher im Topfboden und durch die Wasserdurchlässigkeit der Tontöpfe können die Pflanzen sich jetzt selbst mit Wasser und Nährstoffen versorgen. Plastiktöpfe sind problematisch, weil sie wasserundurchlässig sind, und die Pflanze nur durch das Bodenloch Wasser aufnehmen kann.

Eine weitere Möglichkeit ist, die Plastikwanne mit einer Kunststofffolie auszulegen, auf die Sie eine dicke Schicht mit fein zerkleinerten Torfmulch packen. Anschließend besprenkeln Sie den Mulch mit Wasser, bis er gut vollgesogen ist, und stecken Ihre Zimmerpflanzen so hinein, dass sie bis zum Topfrand im feuchten Mulch stehen. Abschließend können Sie über das Ganze noch eine weitere dünne Mulchschicht streuen und vor der Abreise noch einmal gut einsprühen. Wählen Sie die Variante mit dem Mulch, ist es günstig, das Fenster des Raumes, in dem die Plastikwanne untergebracht ist, einen Spalt weit offen zu lassen, sonst besteht Schimmelgefahr.

Bei guter Vorbereitung hält die Feuchtigkeit lange genug, um mit beiden Methoden die Zimmergewächse wohlbehalten über die gesamte Urlaubszeit zu bringen.

Eine andere Wasser-Selbstversorgungstechnik für Pflanzen sieht so aus: Sie feuchten den Wurzelballen Ihrer Topfpflanze in einem Wasserbad gut durch, lassen überschüssiges Wasser abrinnen und stecken den Topf mitsamt Pflanze in einen Plastiksack, den Sie oben zubinden. Stechen Sie ein paar Luftlöcher ins Plastik. Pflanzen überleben auf diese Weise bis zu vier Wochen, weil sich die Feuchtigkeit unter dem Plastik gut hält. Allerdings – das darf nicht verschwiegen werden – besteht Fäulnis- und Pilzgefahr.

Denken Sie auch an die Option Pflanzen-Sitter: Als Balkon- und Terrassengärtner haben Sie den Freunden, die Sie zum Gieß-Dienst bitten, ja auch zauberhafte Abendstunden an der frischen Luft zu bieten! Eins ist wichtig: Übertreiben Sie es nicht mit den Gieß-Anweisungen. Es kann passieren, dass der Pflanzen-Sitter einen Topf übersieht – das ist kein Grund, eine Freundschaft aufzukündigen! Im Zweifelsfall können Sie auch professionelle Gießer engagieren: Eine ganze Reihe von Blumenhandlungen und Gärtnereien bietet mittlerweile Urlaubs-Gießdienste an. Bezahlt wird üblicherweise nach Zeit, Anfahrtsweg und der Zahl der Töpfe, die es zu bewässern gilt.

Kleiner Nutzgarten auf Balkon & Fensterbank

Es gibt einen Punkt, an dem sich die Wege von Gärtnern und Gourmets kreuzen – im Gemüse- und Kräutergarten nämlich. Dazu braucht es nicht immer ein weitläufiges Beet hinterm Haus. Auch als Balkon- und Miniaturgärtner können Sie bei frischen Vitaminen aus eigenem Eigenanbau genauso aus dem Vollen schöpfen. Wo Platz ist für Blumen, ist auch Platz für Gemüse und Kräuter. Die Sortenpalette an Topf-Gemüse ist kilometerbreit.

Kleine Aussaat-Schule

Es gibt zwei Möglichkeiten, zu Gemüsepflanzen zu kommen: Sie kaufen **Setzlinge** oder Sie ziehen sie selbst aus Samen. Letzteres ist die kostengünstigere Variante und natürlich auch die, die echten Gärtnern viel mehr Spaß macht. In Gärtnereien und Grünmärkten ist die Auswahl an **Samenpäckchen** zudem sehr viel größer als die an vorgezogenen Pflänzchen, und mit ziemlicher Sicherheit findet Sie genau die Sorten, die Sie sich wünschen. Bei größeren Samen leisten **Anzuchtschalen** gute Dienste. Sie stellen sie einfach auf eine Innen-Fensterbank. Gut geeignet sind helle Ost- oder Westfenster, die nicht zu viel direkte Sonne haben. Pflanzenwinzlinge leiden unter aggressiver Sonneneinstrahlung. Die beste Keimtemperatur für Samen liegt bei 18 bis 22 Grad Celsius. Als Anzuchtgefäße eignen sich alle Arten von flachen Kunststoffschalen – durchaus auch jene Plastikpackungen, in denen in Supermärkten Rucola oder Erbsenschoten verkauft werden. Idealerweise sind sie nicht aus durchsichtigem, sondern aus grünem Plastik. Wichtig ist eine spezielle **Anzuchterde**; normale Gartenerden sind für die Samenanzucht viel zu nährstoffreich. Für Sämlinge ist das zu üppig.

Solange es in der Nacht noch frieren kann – bis Mitte Mai, in hohen Lagen bis Anfang Juni –, kommen die kleinen Setzlinge höchstens während des Tages in Freie und härten sich dort ein, zwei Wochen vor ihrer endgültigen Übersiedlung nach draußen ein bisschen ab.

Aber alles der Reihe nach: Erst einmal füllen Sie die Anzuchtschalen mit Erde. Besonders praktisch sind solche Schalen, die schon kleine vorgefertigte Unterteilungen besitzen. Die gibt es in jedem Gartenmarkt. Sie können sie sich aber auch selber machen, indem Sie Joghurtbecher in breite Streifen schneidet und sie so in die Erde stecken, dass sie kleine Abteilungen bilden. Pro Abteil setzen Sie zwei, drei Samen. Dazu drücken Sie mit einem Bambusstäbchen oder mit dem Finger ein ca. 1 - 1,5 cm (ein bis eineinhalb Zentimeter) tiefes Loch in die Erde, legen die Samen hinein und bedecken sie leicht mit Erde. Mit einer feinstrahligen Gießkanne feuchten Sie sie danach gut durch; fast noch besser ist eine Sprühflasche. Danach wird die Anzuchtschale mit ei-

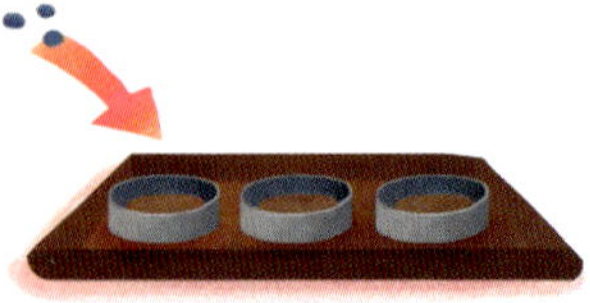

ner Plastikhaube abgedeckt; natürlich geht auch simple Klarsichtfolie. In jedem Fall braucht die Abdeckung Luftlöcher, damit keine Fäulnis entstehen kann. Sobald die Sämlinge aufgegangen sind und zu eng stehen, vereinzeln Sie sie möglichst vorsichtig, indem Sie sie mithilfe eines Stäbchens herausheben und mit etwas größerem Abstand wieder einsetzen. Beim Vereinzeln können Sie die Winzlinge gleich in so genannte **Torftöpfchen** umpflanzen. Wenn Sie sie dann in ihre endgültigen großen Balkontöpfe pflanzen, stecken Sie sie gleich mitsamt Torftöpfchen in die Erde. Der Torf löst sich mit der Zeit ganz auf und die Wurzeln können gemütlich durchwachsen.

Nicht alle Samen brauchen dasselbe. Achten Sie auf die Packungshinweise.

Saatbänder sind schmale Streifen aus Spezialpapier, in die Samen bereits im richtigen Pflanzabstand eingewebt sind. Man legt sie in eine mit dem Finger vorgezogene, etwa ein Zentimeter tiefe Rille und bedeckt sie mit Erde. Das Papier zersetzt sich mit der Zeit. Es gibt Saatbänder mit Kleingemüse-Kräuter-Mischungen, aber auch mit Blumenmischungen. Besonders praktisch sind Saatbänder für lange Blumenkästen.

Wann sät man?

Timing ist alles. Sie haben nichts davon, wenn Sie im Januar schon ungeduldig aussäen und dann Anfang März mit kräftigen, fünfzehn Zentimeter hohen Tomatensetzlingen dastehen, die nicht nach Draußen dürfen, weil es noch zu kalt ist. Bleiben die Setzlinge nämlich zu lange in ihren engen Torftöpfchen, entwickeln sie wegen Lichtmangels lange, dünne Triebe, werden krankheitsanfällig und gelbblättrig, weil ihnen die Nährstoffe ausgehen. Daher ein bisschen Arithmetik für schlaue Gemüsegärtner: Frostempfindliche Kinder des Südens wie Tomaten, Paprika, Chili, Andenbeeren oder Auberginen brauchen acht bis zwölf Wochen, bis sie für die Übersiedlung in den Balkontopf groß genug sind. Für sie ist März die richtige Saatzeit.

Rasant wachsende Gemüse wie Zucchini, Gurken oder kleine Kürbisse brauchen Sie nicht vor April zu säen. Raus geht es dann Mitte, Ende Mai – nach den Eisheiligen, also wenn in Ihrem Klima keine Fröste mehr zu erwarten sind.

Sie können unten abgeschnittene, eineinhalb Liter Plastikmineralwasser-Flaschen über ihre frisch nach draußen übersiedelten Gemüsejungpflazen stülpen. Das schützt sie vor starken Temperaturschwankungen, die es im Mai durchaus noch geben kann. Wenn Sie oben den Deckel abdrehen, haben Sie eine ideale Entlüftung.

Kleine Gemüsekunde für Balkon- und Terrassengärtner

Ein kleines Vorwort: Wenn Ihr Gemüse reiche Ernte abwerfen soll, müssen Sie es regelmäßig düngen – besonders in der Zeit, in der sich die Blüten und Früchte entwickeln. Tomaten und Gurken sind zum Beispiel besonders gierige Nährstoffjäger. Am einfachsten arbeiten Sie mit Flüssigdünger, den Sie ins Gießwasser mischen. Gartenmärkte bieten spezielle Gemüseflüssigdünger in großer Zahl an. Halten Sie sich einfach an die angegebenen Düng-Mengen und -Intervalle. Bei Gemüse gilt noch mehr als bei Blumen: Düngen Sie biologisch. Sie möchten doch bestimmt keine Chemie auf Ihrem Selbstgeernteten.

Gemüse ernten Sie am besten vor zehn Uhr Vormittag. Um diese Zeit ist es am knackigsten.

Salat

Wählen Sie am besten Pflücksalatsorten für die Zucht in Töpfen oder Trögen. Wie der Name schon sagt, werden sie Blatt für Blatt gepflückt und nicht als ganze Köpfe abgeschnitten. Der Ertrag ist in der Regel drei bis vier Mal so hoch. Geerntet wird über mehrere Wochen hinweg, indem Sie immer nur die äußeren Blätter abpflücken, das Salatherz aber stehen lassen, damit es neue Blätter hervorbringt. So versorgen Sie sich platzsparend über Wochen mit frischem Salat. Ein guter, leicht zu säender Salat für Töpfe ist auch der würzig-bittere Rucola mit seinen schmalen, scharf gezackten Blättern.

Tomaten

Das Angebot an Topftomaten ist groß – achten Sie beim Kauf auf eine nicht zu ausladende Wuchsform und halten Sie sich an eher kleinfrüchtige Sorten wie Cocktail- oder Balkontomaten, die es übrigens nicht nur in Rot, sondern auch in Gelb, Orange, Grün, Rosa, Weiß oder mehrfarbig gibt.

Sie sollten Ihre Tomatenpflanzen auf jeden Fall mit einem oder mehreren Stäben stützen, damit sie nicht unter dem Gewicht ihrer Früchte zusammenbrechen, und ihnen einen möglichst sonnigen Standort zuweisen. Ideal ist es für Tomaten vor einer Wärme abstrahlenden Wand.

Tomaten sind gierige Wassertrinker! Behalten Sie sie diesbezüglich im Auge! Für eine gute Nährstoffversorgung können Sie beim Setzen der Tomatenpflanzen einen „Pferdeapfel" unter die Topferde mischen.

Gießen Sie sie möglichst nicht mit kaltem Wasser, das direkt aus der Leitung kommt. Und halten Sie die Blätter beim Gießen trocken. So hat die Tomatenfäule, die Triebe und Blätter braun färbt, weniger Chancen.

Setzen Sie ein paar Ringelblumen oder ein, zwei Büschel Basilikum zu Ihren Tomatenpflanzen. Das Aroma des Basilikums hilft dabei, Schädlinge wie die Weiße Fliege von den Tomaten fern zu halten.

Paprika

Paprika, Pepperoni und Chili lieben es besonders heiß. Auf nordseitig gelegenen Balkonen oder Terrassen können Sie sich diese Sonnenanbeter gleich wieder aus dem Kopf schlagen. Es gibt viele verschiedene Zwergpaprika-Sorten, deren Farben von grün, gelb und rot bis zu violett und fast schwarz reichen.

Mangold

Mangold ist nicht nur ein köstliches Speisegemüse, mit seinen dekorativen langen Blattstielen und großen gekräuselten Blättern kann er es auch in Sachen Schönheit mit vielen Blütenpflanzen aufnehmen. Der normale Mangold hat grüne Stiele, es gibt aber auch leuchtend rot- und gelbstielige Sorten, die sich in Töpfen besonders hübsch ausnehmen. Sie ernten immer die großen Außenblätter, indem Sie sie knapp über der Erde mit einem Messer abschneiden.

Zucchini und Kürbis

Je größer der Topf und je mehr Mist (am besten Pferdemist) in der Erde, desto lieber ist es den Zucchini und Kürbissen. Für sie braucht man also schon ein bisschen Platz – einen großen Waschtrog etwa oder ein kleines Holzfass. Hervorragend schmecken nicht nur die Früchte, sondern auch die gelben Blüten der Zucchini. Wenn Sie allerdings nur für eine Zucchini-Pflanze Platz haben, sollten Sie ihr nicht gleich gierig alle Blüten wegfuttern (sonst gibt es keine Zucchinis oder Kürbisse).

Topfkürbisse sollten auf jeden Fall Sorten mit kleinen Früchten sein. Sie bilden lange Ranken, an denen die

Früchte entstehen. Sie können sie aber auch in die Höhe ranken lassen. Wichtig ist ein tragfähiges Klettergerüst, das das Gewicht der Früchte tragen kann.

Damit die Früchte nicht abbrechen, bevor sie ausgereift sind, können Sie sie vorsichtig einzeln in ein Orangennetz aus dem Supermarkt packen und dieses am Gerüst befestigen.

Bohnen

Rankende Feuerbohnen sind kulinarischer und optischer Genuss in Personalunion. Mit ihren signalroten Blüten sind sie mindestens so schön wie blühende Kapuzinerkresse-Ranken. Sie können Feuerbohnen als – quasi essbaren – Sichtschutz über ein Rankgitter hinaufwuchern lassen (außer für Buschbohnen ist ein Rankgerüst für Bohnen unerlässlich!), sich erst an den Blüten erfreuen und später die Bohnen essen, die in langen Schoten heranreifen. Außerdem wachsen sie so schnell, dass Sie Ihnen praktisch dabei zuschauen können. Darin liegt eine große gärtnerische Befriedigung. Auch kleinwüchsige Zwerg-Buschbohnen wachsen gut in Töpfen. Mischen Sie als Langzeitdünger ordentlich Hornspäne unter die Bohnen-Erde und gießen Sie die Pflanzen kräftig.

Gurke

Hier haben Sie die Wahl zwischen rankenden und nicht rankenden Sorten. Ein Balkongeländer gibt mitunter ein gutes Rankgerüst ab. Sie müssen die wachsenden Triebe regelmäßig anbinden. Wählen Sie besonders schnellwüchsige Sorten mit kleinen Früchten und düngen Sie kräftig mit Mist. Zu diesem Zweck können Sie beim Spazierengehen den einen oder anderen Pferdemist-Apfel einsammeln und unter die Gurken-Erde mischen.

Übrigens bestehen Gurken zu 96 Prozent aus Wasser. Kein Wunder also, dass man sie viel gießen muss!

Radieschen und Karotten

Als Wurzelgemüse sind Karotten und Radieschen gute Topfpflanzen, wenn Sie sich – bei Karotten – an Sorten halten, die nicht zu groß werden, sprich nicht zu tief nach unten wachsen. Radieschen können sie mehrmals nachsäen.

Kräuter

Ihnen steht der Sinn nach selbst gezogenen Kräutern? Hier ist eine kleine Auswahl für alle Lebens- und Genusslagen.

Schnittlauch

Schnittlauch gehört zur Standardkräuterausrüstung – auch für Suppen und Salate. Er braucht es nicht ganz so sonnig und gibt sich jederzeit mit halbschattigen Standorten zufrieden. Schnittlauch ist eigensinniger als man denkt: Wenn er das nächste Jahr in seinem Topf wiedererleben soll, dürfen Sie ihn erst nach dem ersten Frost ins Zimmer stellen. Er braucht's eine zeitlang frostig, damit er zu neuem Wachstum ansetzt. Ausgewachsener Schnittlauch entwickelt hübsche lila Büschel-Blüten. Die Röhrenhalme des blühenden Schnittlauchs neigen zur Bitterkeit, dafür sind die Blüten ihrerseits essbar. Sie können Sie als würzige Dekoration über Salate streuen. Als Dünger schätzt Schnittlauch Hornspäne.

Petersilie

Mühen Sie sich gar nicht erst groß mit dem Säen von Petersilie ab. Es ist eine langwierige Prozedur, bei der die Samen noch dazu häufig nicht aufgehen. Kaufen Sie gleich eine fix und fertig vorgezogene Pflanze, setzen Sie sie in einen Topf und beernten Sie sie stängelweise. Von den Stielen zupfen Sie dann die Blätter für die weitere

Verwendung ab. Wenn Ihre Petersilie Blütenknospen ansetzt, schneiden Sie die besser gleich ab. Sobald die Pflanze nämlich blüht, wird das Aroma der Blätter derber.

Die Südlinge

Salbei, Rosmarin, Thymian, Lorbeer, Basilikum: Die Südländer unter den Kräutern sind besonders wärmeliebend und entwickeln ihr volles Geschmacksaroma am besten, wenn ihnen die Sonne zumindest sechs bis acht Stunden pro Tag auf den Pelz brennt – darüber dürfen Sie natürlich das Gießen nicht vergessen! Haben Sie auf Ihrer Terrasse oder Ihrem Balkon nicht ganz so viele Sonnenstunden zu bieten, ist das auch kein Malheur: Der Geschmack Ihrer Kräuter wird einfach nicht ganz so intensiv sein.

Salbei – zumal im Topf – besitzt einen Hang dazu, rasch räudig auszusehen. Um das zu vermeiden, stutzen Sie ihn im Frühjahr nach der Blüte und noch einmal im September. Dadurch werden die Stauden nicht holzig und treiben immer wieder von ganz unten aus. Ernten Sie von oben, indem Sie ganze Blattbüschel abzwicken. Dasselbe tut auch Basilikum gut: Entfernen Sie ihm regelmäßig die Blüten und Knospen. Das hält das Aroma in den Blättern.
Wenn Sie Ihren Rosmarin-Kräuterstock regelmäßig beernten, bleibt er buschig. Je heißer und sonniger der Platz, an dem Sie seinen Topf aufstellen, desto aromatischer schmecken die Blätter.

Frische Lorbeerblätter haben ein bei weitem feineres und intensiveres Aroma als die getrockneten, die man in Päckchen als Küchengewürz kaufen kann. Deshalb lohnt es sich auf jeden Fall, einen kleinen Lorbeerstrauch im Topf zu kultivieren. Lorbeer ist unkompliziert, im mitteleuropäischen Klima ist die Zucht im Topf sogar ratsamer als die im Freiland. Wenn Sie Ihren Lorbeer vor Frost, Nässe und kaltem Winterwind schützen, ist er eine unkomplizierte Pflanze. Sollte er doch einmal drohen einzugehen, schneiden Sie ihn am besten bis auf die Basis zurück. Zumeist treibt er wieder neu aus.

Thymian bildet lustige runde Polster. Sie werden feststellen, dass es ihn in den fantastischsten Duftrichtungen gibt – Zitronenthymian oder Orangenthymian zum Beispiel. Außerdem gibt es einige Sorten, die so kleinblättrig und hartlaubig sind, dass Sie sie in die Fugen zwischen Ihren Terrassenfliesen setzen können. Das sieht hübsch aus und riecht sehr gut. Auch Thymian gehört immer wieder kräftig gestutzt, um in Form zu bleiben.

Kräuter für Drinnen

Als Zimmerpflanzen haben Topfkräuter in der Regel keine besonders lange Lebensdauer, weil es ihnen drinnen meistens zu warm ist. Sie schwächeln dadurch leichter und sind eine einfache Beute für Krankheiten und Schädlinge. Das spricht nicht gegen Kräuter im Zimmer, im Gegenteil, Sie müssen sich dessen nur bewusst sein. Wenn Sie also bemerken, dass Ihr Küchenbasilikum von winzigen Fliegen umschwirrt wird oder immer trauriger aus der Wäsche schaut, ist es das Unaufwendigste, es durch ein Neues zu ersetzen. Wenn Sie die Möglichkeit dazu haben, ist es auch eine gute Alternative, Ihre Küchenkräuter auf die Außenfensterbank zu stellen.

Küchenkräuter in Töpfen gehören an einen hellen Ort und in einen Übertopf oder auf einen Plastikuntersetzer, damit sich dort, wo sie stehen, beim Gießen keine unschönen Wasserflecken bilden.

Kresse ist eine Vitaminbombe und hat ein wunderbar frisches, scharfes Aroma, das sie zu einem guten Würzkraut für Salate macht. Streuen Sie die Samen einfach in den Unterteil einer dick mit nasser Watte ausgelegten, kleinen Plastik-Dose. Halten Sie die Watte immer feucht, und die Kresse wird schnell aufgehen. Sie ist sehr kurzlebig, dafür wächst sie aber auch schnell nach.

Das Wer-mit-Wem? der Kräuter und Gemüse

Viele Kräuter haben nichts dagegen, wenn Sie sie miteinander in einen größeren Topf setzen. Eine gute Idee ist es allerdings, mehrjährige Kräuter wie Rosmarin, Thymian oder Salbei von Ein- oder Zweijährigen wie Kresse, Petersilie, Kerbel, Dill, Majoran oder Borretsch zu trennen. Sie kommen jeweils bestens miteinander aus. Auch ausdauernde Küchenkräuter wie Schnittlauch, Zitronenmelisse und Estragon verstehen sich sehr gut miteinander. Absolut nicht leiden können sich hingegen Koriander und Fenchel oder Dill und Estragon.

Liebstöckel (bekannt als Maggikraut) gehört zu den Kräuterpflanzen, die Sie immer allein in einen Topf setzen sollten. Nicht, weil das Liebstöckel so empfindlich wäre, im Gegenteil: Es wuchert so aggressiv und hemmungslos, dass es neben sich kaum einem anderen Kraut eine Überlebenschance lässt (es wird zudem auch riesig hoch).

Gute Nachbarn hingegen sind: Tomaten und Ringelblumen, Tomaten und Basilikum sowie Tomaten und Petersilie, Gurken und Dill, Zucchini und Basilikum, Paprika und Basilikum, Kerbel und Radieschen, Karotten und Kresse. Sie fördern entweder das Wachstum des jeweils anderen und/oder halten Schädlinge von ihm fern.

Gar nicht miteinander können Bohnen und Schnittlauch, Karotten und Dill, Kürbis und Tomate oder Gurken und Salbei.

Sachregister

Pflanzenregister

Bildnachweis

Fotolia: S. 5: Friedberg; S. 14: Iris Art; S. 15: Simone Werner-Ney; S. 17: Iris Art; S: 18: de2marco; S. 19: PhotoSG; S. 24: Andrea Lehmkuhl; S. 27: Kasparart; S. 32: Tanouchka; S: 33: Photology1971; S. 34: peht; S. 35: PhotoSG; S. 36: farbkombinat; S. 37: leekris; S. 38: lochstampfer; S. 39: sparkmedia; S. 40, 42, 131: M. Schuppich; S. 41: kongkiatnt; S. 43: eag1e; S.44: rostyle; S. 45: isuaneye; S. 46: emer; S. 47: Gerhard Seybert; S. 48: wiw; S. 49: minotte; S. 51: ArsVerbiBildarchiv; S. 52: andrey7777777; S: 53: AxelGutjahr; S. 54: rgbspace; S. 55: alisseja; S. 57: pia-pictures; S. 58: elenarostunova; S. 59: nirida; S. 61: marcing1987; S. 63: LianeM; S. 64: trotzolga; S. 65: MichaelTieck; S. 67: swisshippo; S. 68: topnat; S. 69: Mike Uhlemann; S. 70: VeraTropynina; S. 71: Ingairis; S. 88: StefanKörber; S. 90: Marina Lohrbach; S. 92: Osterland; S. 98: mopsgrafik; S. 107: PhotoErich; S. 108: Rudolf Schmidt; S. 109: radub85; S. 110: Gerhard Seybert; S. 111: lirtlon, chefre; S. 112: D. Kucharski, K. Kucharska; S. 113: Gina Sanders; S. 114: ThKatz; S. 115: majuroan; S. 116: coulanges; S. 125: Aleksandar Mijatovic; S. 126: Heike Rau; S. 128: Franz Peter Rudolf, Ingo Bartussek; S. 129: S. Bachstroem; S. 130: GoodMoodPhoto, sepyana; S. 132: Vladyslav Siaber, Lukas Gojda; S. 133: nata777_7; S. 135: LiliGraphie; S. 144: Tanouchka